普通高等院校"十四五"规划教材

Python 程序设计基础实践教程

王必友　顾彦慧◎主　编

杨　俊　陈　燚　沈玲玲◎副主编

中国铁道出版社有限公司
CHINA RAILWAY PUBLISHING HOUSE CO., LTD.

内 容 简 介

本书为《Python 程序设计基础教程》配套的实践教材，实验内容及案例参考了江苏省计算机等级考试二级 Python 程序设计考试大纲有关要求，以便参加二级 Python 程序设计等级考试的学生学习参考。本书适用于普通高校学生学习 Python 程序设计课程，也可作为学习 Python 程序设计人员的参考书。

全书分为 10 章，精心设计实验内容、实验项目及思考与实践，实验包括验证性、设计性、综合性内容，在巩固课程知识的同时兼顾知识拓展，在实践过程中做到举一反三、融会贯通。最后一章给出了利用 Python 第三方库解决数据处理、人工智能方面的应用实例，可供不同专业学生选用。

图书在版编目（CIP）数据

Python 程序设计基础实践教程 / 王必友，顾彦慧主编．—北京：中国铁道出版社有限公司，2022.2 (2024.1重印）
普通高等院校"十四五"规划教材
ISBN 978-7-113-28725-2

Ⅰ. ①P⋯ Ⅱ. ①王⋯②顾⋯ Ⅲ. ①软件工具-程序设计-高等学校-教材 Ⅳ. ①TP311.561

中国版本图书馆 CIP 数据核字（2021）第 263979 号

书　　名	Python程序设计基础实践教程
作　　者	王必友　顾彦慧

策　　划	张围伟	编辑部电话：(010) 51873135	
责任编辑	汪　敏　贾淑媛		
封面设计	郑春鹏		
责任校对	焦桂荣		
责任印制	樊启鹏		

出版发行	中国铁道出版社有限公司（100054，北京市西城区右安门西街 8 号）
网　　址	http://www.tdpress.com/51eds/
印　　刷	三河市兴达印务有限公司
版　　次	2022 年 2 月第 1 版　　2024 年 1 月第 4 次印刷
开　　本	787 mm×1 092 mm　1/16　印张：10.5　字数：256 千
书　　号	ISBN 978-7-113-28725-2
定　　价	32.00 元

版权所有　侵权必究

凡购买铁道版图书，如有印制质量问题，请与本社教材图书营销部联系调换。电话：(010) 63550836
打击盗版举报电话：(010) 63549461

前言

　　当今社会，以计算机为核心的信息技术飞速发展，计算机技术在国民经济和各行各业的应用越来越广泛，人们的工作、生活都需要计算机的支持。Python程序设计语言简单易学、功能强大，近年来在计算机信息处理方面发挥着越来越重要的作用。因此，Python程序设计语言作为高等学校程序设计公共基础课很有必要。

　　本书为《Python程序设计基础教程》配套的实践教材，实验内容及案例参考了江苏省计算机等级考试二级Python程序设计考试大纲有关要求，以便参加二级Python程序设计等级考试的学生学习参考。适用于普通高校学生学习Python程序设计课程，也可作为学习Python程序设计人员的参考书。

　　本书分为10章，第1章介绍Python语言开发环境的安装及第三方库的安装；第2章介绍Python程序文件的建立、执行的操作方法，Python程序的编写规范及Python程序的基本组成；第3章介绍Python的字符串、列表、元组、字典、集合等数据类型，内置函数及各自的方法；第4章介绍结构化程序设计的三种基本结构：顺序结构、分支结构和循环结构，以及结构化程序设计方法进行程序的编写；第5章介绍创建和调用用户自定义函数的方法；第6章介绍面向对象的思想、类和对象的定义与调用、属性和方法的使用、类的继承机制、常用类及其相关内置函数；第7章介绍文件的基本概念、文件的打开与关闭、文件读写和定位操作、目录操作以及相关内置函数；第8章介绍Python自带的异常类和自定义异常类，掌握Python中的异常处理以及IDLE方式调试程序的方法；第9章介绍NumPy、Matplotlib和Pandas这3个核心包的使用，以及SciPy library和Statistics的应用方法；第10章介绍中文词云、网络爬虫、股票预测、人脸检测、聚类应用等应用案例。

本书精心设计实验内容、实验项目及思考与实践，实验包括验证性、设计性、综合性内容，在巩固课程知识的同时兼顾知识拓展，在实践过程中做到举一反三、融会贯通。其中，第 10 章给出了利用 Python 第三方库解决数据处理、人工智能方面的应用实例，提高利用 Python 解决实际应用问题的能力。

本书第 1、2、3 章由王必友老师编写，第 4、5 章由杨俊老师编写，第 6、7 章由陈燚老师编写，第 8、9 章由沈玲玲老师编写，第 10 章由顾彦慧、王必友、杨俊、陈燚、沈玲玲老师共同编写。全书由王必友、顾彦慧担任主编，并统稿。本书的出版得到了南京师范大学计算机与电子信息学院、人工智能学院 Python 程序设计教学团队全体老师们的支持，在此表示感谢！

本书提供课程素材及实验素材。有需要的老师可与编者联系。

限于编者水平，书中难免有不当之处，敬请读者批评指正。

编者 E-mail：wangbiyou@njnu.edu.cn。

编　者

2021 年 10 月

目 录

第1章 绪论 1
  实验 1.1 Python 语言开发环境的安装 1
    实验目的 1
    实验内容 1
    实验思考题 5
  实验 1.2 Python 第三方库的安装 5
    实验目的 5
    预备知识 5
    实验内容 5
    实验思考题 7

第2章 Python 基础 8
  实验 2.1 Python 程序的建立与执行 8
    实验目的 8
    实验内容 8
    实验思考题 11
  实验 2.2 变量、表达式及函数的应用 11
    实验目的 11
    实验内容 11
    综合训练 20
    实验思考题 21

第3章 序列 22
  实验 3.1 序列基本操作 22
    实验目的 22
    实验内容 22
    综合训练 25
  实验 3.2 字符串操作 25
    实验目的 25
    实验内容 26
    综合训练 32
    实验思考题 33
  实验 3.3 列表、元组操作 33
    实验目的 33
    实验内容 33
    综合训练 38
    实验思考题 39

I

实验 3.4　字典、集合操作 39
　　实验目的 39
　　实验内容 39
　　综合训练 44
　　实验思考题 44

第 4 章　程序控制基础 46

实验 4.1　分支结构 46
　　实验目的 46
　　实验内容 46
　　综合训练 48
　　实验思考题 49

实验 4.2　循环结构 49
　　实验目的 49
　　预备知识 50
　　实验内容 50
　　综合训练 53
　　实验思考题 57

第 5 章　函数 59

实验 5.1　函数的定义与调用 59
　　实验目的 59
　　预备知识 59
　　实验内容 60
　　综合训练 62

实验 5.2　函数的参数 63
　　实验目的 63
　　预备知识 63
　　实验内容 63
　　综合训练 64

实验 5.3　变量作用域 67
　　实验目的 67
　　预备知识 67
　　实验内容 67

实验 5.4　递归函数 68
　　实验目的 68
　　预备知识 68
　　实验内容 68
　　综合训练 69

实验 5.5　匿名函数 70
　　实验目的 70

　　　　预备知识 70
　　　　实验内容 70
　　　　综合训练 71
　　实验 5.6　常用标准库函数 71
　　　　实验目的 71
　　　　预备知识 71
　　　　实验内容 72
　　　　综合训练 73
　　　　实验思考题 78

第 6 章　类与对象 80

　　实验 6.1　类的属性和方法 80
　　　　实验目的 80
　　　　实验内容 80
　　　　综合训练 81
　　　　实验思考题 85
　　实验 6.2　类的继承 87
　　　　实验目的 87
　　　　实验内容 87
　　　　综合训练 87
　　　　实验思考题 90

第 7 章　文件操作 92

　　实验 7.1　文件打开、关闭与读写 92
　　　　实验目的 92
　　　　实验内容 92
　　　　综合训练 93
　　　　实验思考题 94
　　实验 7.2　目录操作 97
　　　　实验目的 97
　　　　预备知识 97
　　　　实验内容 97
　　　　综合训练 98
　　　　实验思考题 99

第 8 章　异常处理与程序调试 102

　　实验 8.1　Python 中的异常处理 102
　　　　实验目的 102
　　　　实验内容 102
　　　　综合训练 105
　　　　实验思考题 106

实验 8.2　使用 IDLE 调试程序	106
实验目的	106
实验内容	106
实验思考题	107

第 9 章　科学计算与可视化 ... 109

实验 9.1　科学计算与可视化简单应用	109
实验目的	109
预备知识	109
实验内容	109
综合训练	127
实验思考题	129

第 10 章　Python 综合应用 ... 130

实验 10.1　中文词云	130
实验目的	130
预备知识	130
实验内容	131
实验思考题	132
实验 10.2　网络爬虫	133
实验目的	133
预备知识	134
实验内容	141
实验思考题	144
实验 10.3　预测股票	144
实验目的	144
实验内容	144
实验思考题	149
实验 10.4　人脸检测	149
实验目的	149
预备知识	149
实验内容	153
实验思考题	154
实验 10.5　聚类应用	154
实验目的	154
预备知识	154
实验内容	155
实验思考题	159

参考文献 ... 160

第 1 章 绪 论

本章实验要求学生掌握 Python 语言开发环境的安装及第三方库的安装。

实验 1.1　Python 语言开发环境的安装

实验目的

熟悉 Python 集成开发环境（IDE）。

实验内容

1. 在 Windows 操作系统下安装 Python IDLE

Python IDLE 是官方发布的简单、小巧的 Python 开发环境，具有语言处理系统基本的程序编辑、调试、运行等功能。它有支持 Windows 操作系统、Linux/UNIX 操作系统和 Mac OS 操作系统的不同版本。对于 Windows 操作系统还区分 32 位和 64 位系统。Python 安装软件包在不断地更新升级中，目前较新的有 Python 3.8.x 和 Python 3.9.x 版。使用时可根据自己的需要下载合适的版本进行安装，当前一般选用 Python 3.x 版本。安装步骤如下：

① 在 Python 官网（https://www.python.org）下载 Python IDLE 软件包。打开官网，如图 1.1 所示。

② 选择合适的安装程序版本。本实验选择 Windows 环境下 64 位 Python 3.7.8 版可执行安装包，如图 1.2 所示。

③ 双击下载的 Python IDLE 软件包 Python-3.7.8-amd64.exe，安装 Python IDLE，如图 1.3 所示。

建议勾选"Add Python 3.7 to PATH"，并通过"Customize installation"将安装路径设置为 C:\Python37。

④ 在 Windows 开始菜单中执行 IDLE（Python 3.7 64-bit），打开 IDLE 窗口。

⑤ 在 IDLE 窗口中，在提示符">>>"下，便可输入 Python 语句执行了。如输入 print("Hello World!")，执行输出结果"Hello World!"，如图 1.4 所示。

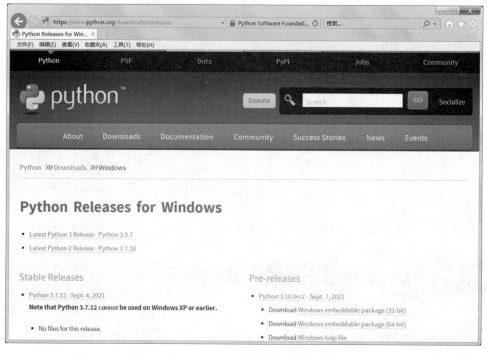

图 1.1　Python 官网下载页面

图 1.2　选择安装包

图 1.3　Python 3.7.8 安装

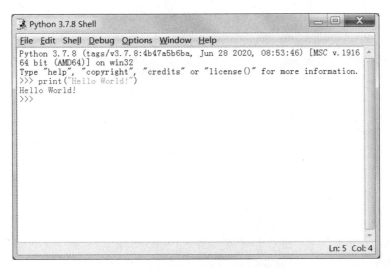

图 1.4 Python 3.7.8 IDEL 交互式窗口

2. 安装 Anaconda 3 开发平台

Anaconda 安装包集成了大量的常用扩展库,并提供了 Spyder 和 Jupyter 开发环境,省去了烦琐的第三方扩展库的安装,适合于初学者、教学和科研人员的使用,是目前比较流行的 Python 开发环境之一。它有支持 Windows 操作系统、Linux/UNIX 操作系统和 Mac OS 操作系统的不同版本。对于 Windows 操作系统,还区分 32 位和 64 位系统。从官方网址 https:/www.anaconda.com 或清华大学开源软件镜像站 http://mirrors.tuna.tsinghua.edu.cn/anaconda/archive 下载适合的版本并安装即可。当前一般选用 Anaconda 3.x 版本,安装步骤如下:

① 在 https://www.anaconda.com/ 下载 Anaconda 3.x 软件包。打开官网,进入下载页,如图 1.5 所示。

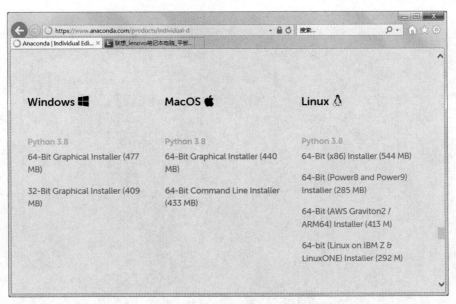

图 1.5 Anaconda 官网下载页面

② 选择合适的安装程序版本。本实验选择 Windows 环境下 64 位 Anaconda 3 个人版可执

行安装包,并下载。

③ 双击下载的 Anaconda 3 安装包,进行安装。

④ 在 Windows 开始菜单中执行 Anaconda Navigator(Anacond 3),打开 Anaconda Navigator 窗口,如图 1.6 所示。

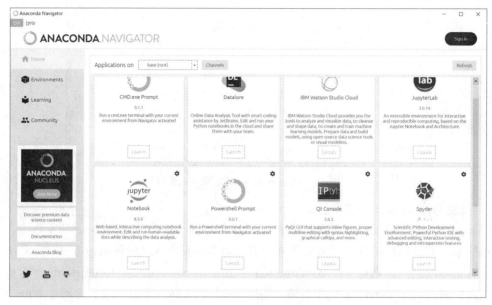

图 1.6 Anaconda Navigator 窗口

⑤ 在 Anaconda Navigator 窗口中,加载 Spyder,如图 1.7 所示。在右下角交互窗口中便可输入 Python 语句执行了。如输入 print("Hello World!"),执行输出结果"Hello World!"。在左上角程序代码窗口中,输入程序代码。

图 1.7 Spyder 窗口

实验思考题

1. 试安装 Python IDLE 或 Anaconda 3 Python 开发环境。
2. 在安装的 Python 开发环境中，以交互方式执行 print() 语句，输出若干句子。

实验 1.2 Python 第三方库的安装

实验目的

- 掌握 Python 第三方库的安装方法。
- 了解第三方库的使用。

预备知识

Python IDLE 安装后，能够完成基本软件开发工作。但在进行数据处理、科学计算等应用时，还可以使用 Python 丰富的扩展软件包，即第三方库。Python 官方网站（https://www.python.com）提供了 PyPi（the Python Package Index）软件索引，管理超过 10 万个 Python 软件包。用户可以使用 pip 命令安装、升级和卸载软件包。常用 pip 命令的使用方法如表 1.1 所示。

表 1.1 常用 pip 命令的使用方法

命 令	功 能
pip freeze [>requirement.txt]	列出已安装第三方库模块及版本
pip install 第三方库 [= =version]	在线安装指定第三方库 [指定版本]
pip install 第三方库 .whl	通过下载的文件离线安装第三方库
pip install –r requirement.txt	在线安装 requirement.txt 文件中第三方库
pip –upgrage 第三方库	升级第三方库
pip uninstall 第三方库 [= =version]	卸载第三方库 [指定版本]

实验内容

1. 使用 pip 命令安装 Python 第三方软件包

下面以 Windows 操作系统环境下安装数组矩阵计算包 numpy 为例，介绍安装方法。

（1）在线安装

在 Windows 的命令窗口中，执行下列命令：

```
pip install numpy
```

将自动链接 Python 软件包网站，下载并自动安装，如图 1.8 所示。

pip 是 Python 的安装程序，安装 Python 软件包 IDLE 时，已自动安装，可以直接使用。如果缺失，可以在命令窗口中先执行下列命令安装 pip：

```
python get-pip.py
```

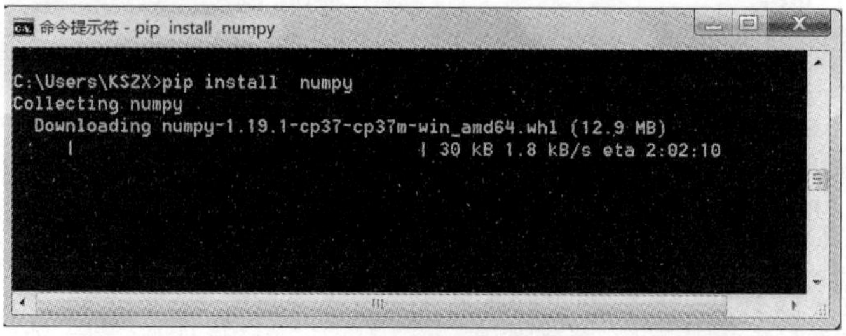

图 1.8　在线安装 numpy 窗口

若本地没有 get-pip.py 文件，可以在 Python 官方网站下载。如果 pip 版本过低，可以执行下列命令进行在线升级：

```
pip install --upgrade pip
```

（2）本地安装

首先，进入 Python 官方网站，单击"pypi"链接，搜索 numpy，进入 numpy 下载界面，如图 1.9 所示。选择要下载的 numpy 版本。本例选择适合在 Windows 64 位系统下运行的文件 numpy-1.21.2-cp37-cp37m-win_amd64.whl。下载的文件一般存储到 Python 安装目录下的 scripts 子目录中。

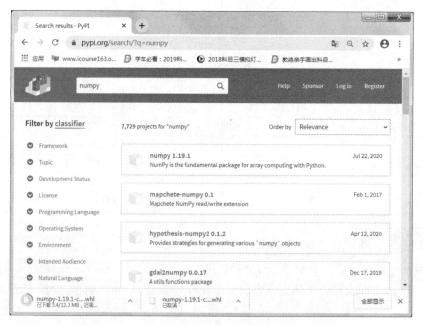

图 1.9　numpy 下载界面

在 Windows 的命令窗口中，将当前目录切换到 Python 安装目录下的 scripts 子目录或设置默认文件访问路径（使用 path 命令检查默认文件访问路径），执行命令：

```
pip install numpy-1.21.2-cp37-cp37m-win_amd64.whl
```

进行安装，如图 1.10 所示。

图 1.10　安装 numpy 界面

2. 使用 pip 命令检查已安装 Python 第三方软件包及版本

在 Windows 的命令窗口中，执行命令：

```
pip freeze
```

显示安装的所有 Python 第三方软件包及版本，如图 1.11 所示。

图 1.11　检查已安装的 Python 第三方软件包

3. 使用 pip 命令升级 Python 第三方软件包

升级 numpy 到最新发布的版本，在 Windows 的命令窗口中，执行命令：

```
pip install --upgrade numpy
```

实验思考题

1. 试安装第三方 jieba 库，并在交互式窗口中，输入下列命令，并观察 jieba 实现的功能。

```
>>>import jieba
>>>text_c = " 本章实验要求学生掌握 Python 语言开发环境的安装及第三方库的安装 "
>>>words=jieba.lcut(text_c)                #返回一个列表类型
>>>print(words)
```

输出结果为：

```
['本章', '实验', '要求', '学生', '掌握', 'Python', '语言', '开发', '环境',
 '的', '安装', '及', '第三方', '库', '的', '安装']
```

2. 打开 Python 官网上的 PyPi 页面，搜索感兴趣的第三方软件包，下载并安装，并试试其实现的功能。

第 2 章

Python 基础

本章实验要求学生掌握 Python 程序文件的建立、执行的操作方法，掌握 Python 程序的编写规范及 Python 程序的基本组成。

实验 2.1 Python 程序的建立与执行

实验目的

- 掌握 Python 启动和退出。
- 熟悉 Python 集成开发环境（IDE）。
- 掌握 Python 程序的编写规范。
- 学会 Python 应用程序的建立、保存、打开和运行。

实验内容

1. Python IDLE 的启动

① 单击任务栏上的"开始"按钮，选择菜单中的"程序"文件夹。

② 找到"所有程序"级联菜单中"Python 3.7"，再在相关级联菜单中选取"IDLE（Python 3.7）"项。显示图 2.1 所示的 Python 的 Shell 交互窗口。

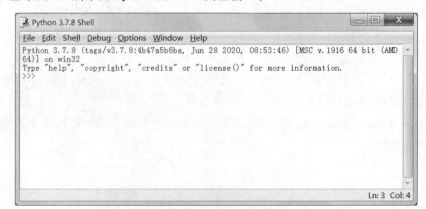

图 2.1　Python 的 Shell 交互窗口

2. Python 程序的输入及运行

（1）程序的输入与保存

在图 2.1 所示的 Python 的 Shell 交互窗口中。可在提示符">>>"后，直接输入 Pyhton 语句执行。通过"File"→"Newfile"菜单，新建 Pyhton 程序，显示图 2.2 所示的程序编辑窗口，输入编辑窗口中的程序。

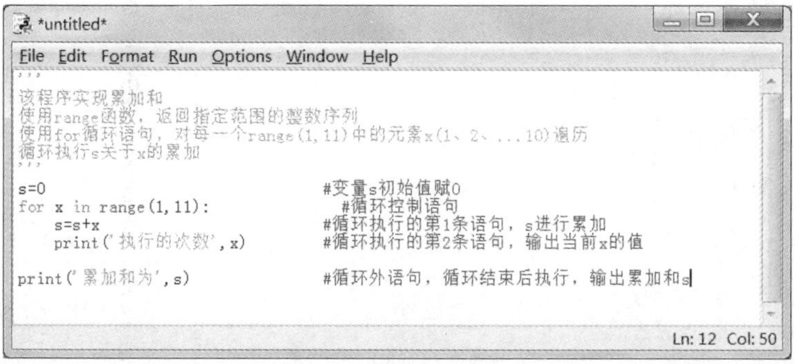

图 2.2　程序编辑窗口

在输入代码时，要注意以下几点：

① 包含在一对三引号'''...'''之间的内容为注释行。以符号"#"开始，表示之后的内容为注释。注释对于程序的执行来说不是必需的，可以不输入这部分内容。但作为实验，读者可以体验一下。

② 缩进对于 Python 程序来说非常重要，它体现代码之间的逻辑关系。缩进结束就表示一个代码块结束了，同一个级别的代码块的缩进量必须相同。

③ 代码中，都使用了小写字母。Python 中使用的变量、函数、关键字等是大小写敏感的。如变量 s 是小写，那么在后续代码中，使用此变量时，都必须是小写。

程序输入完成后，通过"File"→"Save As"菜单，保存 Python 程序，显示图 2.3 所示的"另存为"对话框，输入程序名 ex2-1.py，并保存（默认时文件存储在安装 Python 的文件夹中）。

图 2.3　"另存为"对话框

（2）程序的执行

程序保存后，在程序编辑窗口中，通过执行"Run"→"Run Module"命令，运行当前打开的程序 ex2-1.py。程序运行的结果在 Python 的 Shell 交互窗口中显示，如图 2.4 所示。

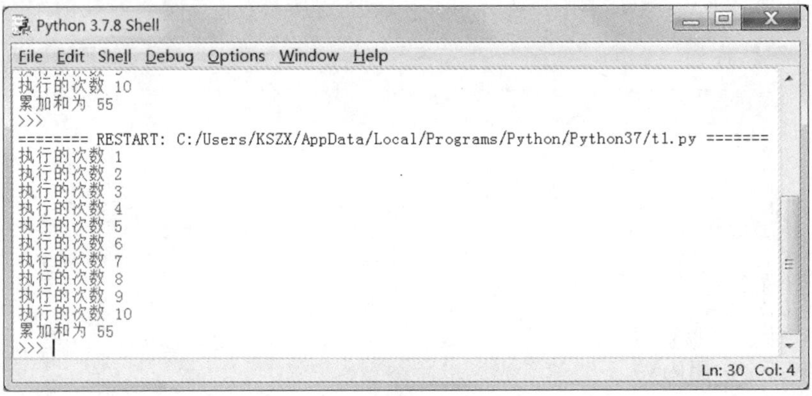

图 2.4　程序运行结果

如果程序保存并退出程序编辑窗口，可首先在 Python 的 Shell 交互窗口中，执行"File"→"Open"命令，打开要执行的程序，再执行。

若程序执行时错误，将在 Python 的 Shell 交互窗口中显示相应的错误信息。例如，在程序输入时，将 print(' 执行的次数 ',x) 语句中的 x 输错为大写的 X，程序执行时，显示如图 2.5 所示。

图 2.5　"程序错误"提示信息

（3）程序的修改

程序保存后，可在 Python 的 Shell 交互窗口中，通过执行"File"→"Open"命令，在程序编辑窗口中打开要修改的程序。打开 ex2-1.py 程序，将 print(' 执行的次数 ',x) 语句的缩进取消，如图 2.6 所示。

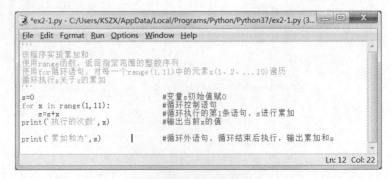

图 2.6　程序修改

读者不妨执行修改后的程序，观察输出的结果有什么不同。

实验思考题

试编写一个求 10! 的程序。

实验 2.2　变量、表达式及函数的应用

实验目的

- 掌握 Python 变量的使用方法。
- 掌握 Python 基本数据类型及其运算。
- 掌握 Python 常用内置函数的使用方法。
- 掌握 Python 标准函数导入方法。
- 掌握 input()、print() 函数的使用方法。

实验内容

1. 变量的使用

```
>>> s=0
>>> s=s+1
>>> print(s)                          # 结果为 _____
>>> Str = 'Hello world.'
>>> print(Str)                        # 结果为 _____
>>> print(str)                        # 结果为 _____
>>> PI=3.14159
>>> pi='circumference ratio'
>>> print(PI)                         # 结果为 _____
>>> print(pi)                         # 结果为 _____
>>> type(PI)                          # 结果为 _____
>>> type(pi)                          # 结果为 _____
>>> id(PI)                            # 结果为 _____
>>> id(pi)                            # 结果为 _____
>>> del pi
>>> print(pi)                         # 结果为 _____
>>> for=2                             # 结果为 _____，为什么？
>>> import keyword
>>> print(keyword.kwlist)             # 观察有哪些关键字
```

2. 数据类型及其运算

(1) 整数

```
>>> x=2
>>> y=0b101
>>> z=0o52
>>> r=0xf5
>>> print(x, y, z, r)                           # 结果为 _____
>>> print(type(x), type(x), type(x), type(x))   # 结果为 _____
>>> print(2**128)                               # 观察整数可以表示的范围
```

```
>>> k1=2
>>> k2=5
>>> id(x)
>>> id(k1)                    # 观察x,k1两小整数的id值
>>> id(y)
>>> id(k2)                    # 观察y,k2两小整数的id值
>>> x is k1                   # 结果为 _____
>>> y is k2                   # 结果为 _____
```

(2) 浮点数

```
>>> x=3.12
>>> y=3.12
>>> id(x)
>>> id(y)                     # 观察x,y两浮点数的id值,与整数对比
>>> print(x==y)               # 结果为 _____
>>> x is y                    # 结果为 _____
>>> type(x)                   # 结果为 _____
>>> y=3.14e-2
>>> print(y)                  # 结果为 _____
>>> 0.5-0.4                   # 观察值
>>> 0.5-0.4==0.1              # 结果为 _____
>>> abs(0.5-0.4-0.1)<1e-6     # 判断 0.5-0.4 == 0.1 的近似方法,
                                结果为 _____
```

(3) 复数

```
>>> x=3+4j                    # 使用j或J表示复数虚部
>>> y=4+6j
>>> x+y                       # 结果为 _____
>>> x*y                       # 结果为 _____
>>> x=3+4j                    # 使用j或J表示复数虚部
>>> x.real                    # 实部,结果为 _____
>>> x.imag                    # 虚部,结果为 _____
>>> x.conjugate()             # 共轭复数,结果为 _____
>>> abs(x)                    # 计算复数的模,结果为 _____
```

(4) 布尔值

```
>>> x=True
>>> y=False
>>> type(x)                   # 结果为 _____
>>> type(y)                   # 结果为 _____
>>> int(x)                    # 结果为 _____
>>> int(y)                    # 结果为 _____
>>> bool(1)                   # 结果为 _____
>>> bool(0)                   # 结果为 _____
>>> bool(2)                   # 结果为 _____
>>> bool(-1)                  # 结果为 _____
>>> x+3                       # 结果为 _____
>>> x+y                       # 结果为 _____
>>> y+3                       # 结果为 _____
```

> 💡 **说明：**
> 逻辑值 True、False 等价于整数 1 和 0。在将整数通过 bool() 函数转换为逻辑值或进行逻辑判断时，非 0 整数为 True，0 为 False。

(5) 字符串

```
>>> x='ABC'
>>> y="Hello World."
>>> z='''He said, "Let's go."'''
>>> print(x)                    # 结果为 _____
>>> print(y)                    # 结果为 _____
>>> print(z)                    # 结果为 _____
>>> s='Very'+'good'
>>> s                           # 结果为 _____
>>> s='Very''good'
>>> s                           # 结果为 _____
>>> s1='ABC'
>>> x is s1                     # 结果为 _____
>>> x==s1                       # 结果为 _____
>>> id(x)
>>> id(s1)                      # 观察x,s1小字符串的id值，与整数对比
```

(6) 运算表达式

```
>>> 15//4                       # 如果两个操作数都是整数，结果为 _____
>>> 15.0//4                     # 如果操作数中有浮点数，结果为 _____
>>> -15//4                      # 向下取整，结果为 _____
>>> 5%3                         # 取余数，符号由除数决定，观察其绝对值变化
>>> -5%3
>>> -5%-3
>>> 5%-3
>>> 16.2%3.2                    # 可以对实数进行余数运算，观察精度问题
0.1999999999999984
>>> 3**2                        # 结果为 _____
>>> 9**0.5                      # 结果为 _____
>>> (-9)**0.5                   # 计算-9的平方根，应为0+3j，观察结果
(1.8369701987210297e-16+3j)
>>> -9**0.5                     # 结果为 _____
>>> x=15
>>> x+=1
>>> x                           # 结果为 _____
>>> x%=3
>>> x                           # 结果为 _____
```

> 💡 **说明：**
> 算术运算与数学中运算规则基本相同。运算符 "//" 表示求整商，"%" 表示求余数。算术运算符与 "=" 连用，构成增量赋值运算符：-=、+=、/=、*=、%=、//=、**=。

```
>>> 3|5                         # 或运算，结果为 _____
>>> 5|258                       # 或运算，结果为 _____
```

```
>>> 3^5                  # 异或运算，结果为 _____
>>> 3&5                  # 或运算，结果为 _____
>>> 3<<2                 # 左移运算，结果为 _____
>>> 3>>2                 # 右移运算，结果为 _____
>>> ~1                   # 非运算，结果为 _____
>>> ~-2                  # 非运算，结果为 _____
>>> x=1
>>> x<<=2
>>> x                    # 非运算，结果为 _____
>>> x>>=1
>>> x                    # 非运算，结果为 _____
```

💡 **说明：**
将十进制整数转换为 8、16 位等（根据值的大小）二进制数，然后进行位运算。位运算符与"="连用，构成增量赋值运算符：<<=、>>=、&=、^=、|=。

```
>>> 2==2.0               # 结果为 _____
>>> 5>4                  # 结果为 _____
>>> 3.14<=3.1415         # 结果为 _____
>>> "abc"=="ab"          # 结果为 _____
>>> "abc">="ab"          # 结果为 _____
>>> "abc">="acb"         # 结果为 _____
>>> 123>'123'            # 结果为 _____
>>> "abc">=123           # 结果为 _____
```

💡 **说明：**
数值、字符串等都可以进行比较，比较的对象数据类型一般应一致。字符串比较时，自左向右逐位比较，依 ASCII 值大小决定。

```
>>> 2<5<7                # 结果为 _____
>>> 2<5<=1               # 结果为 _____
>>> 3<5>2                # 突破了数学中的习惯，结果为 _____
```

💡 **说明：**
Python 支持连续不等式，涵盖了数学中连续不等式的习惯。

```
>>> x,y=3,8              # 分别为 x,y 变量赋值结果为 _____
>>> x>y                  # 结果为 _____
>>> not x>y              # 结果为 _____
>>> x>2 and y>6          # 结果为 _____
>>> x>5 or  y>9          # 结果为 _____
```

💡 **说明：**
Python 支持与、或、非逻辑运算。

```
>>> 3>4 and z>3              # 变量 z 没定义,结果为_____
>>> 3>4 or z>3               # 3>4 的值为 False,结果为_____
>>> 3<4 or z>3               # 变量 z 没定义,结果为_____
>>> 3 and 5                  # 3 作为逻辑 True 看待,结果为_____
>>> 3 and 5>2                # 3 作为逻辑 True 看待,结果为_____
>>> 3<4 and print("aaa")     # 3<4 的值为 True,结果为_____
>>> 3<4 or  print("aaa")     # 3<4 的值为 True,结果为_____
```

> 💡 **说明:**
>
> 逻辑运算 and 和 or 具有惰性求值或逻辑短路的特点。当连接多个表达式时只计算必须要计算的值,而且运算符 and 和 or 并不一定会返回 True 或 False,而是得到最后一个被计算的表达式的值。

```
>>> 2 in [1,2,3,4,5]         # 结果为_____
>>> '2' in '12345'           # 结果为_____
>>> 2 in (1,2,3,4,5)         # 结果为_____
>>> 'abc' in 'abcdef'        # 结果为_____
>>> 6 in [1,2,3,4,5]         # 结果为_____
>>> 6 not in [1,2,3,4,5]     # 结果为_____
>>> 2 in '12345'             # 结果为_____
```

> 💡 **说明:**
>
> 成员运算包含 in、not in 运算符,用于判断一个对象是否包含另一个对象。注意数据类型的正确使用。

```
>>> a=3.2
>>> b=3.2
>>> c=a
>>> a is b                   # 结果为_____
>>> a is c                   # 结果为_____
>>> id(a)                    # 返回 a 的标识,即 a 内存的地址
>>> id(b)                    # 观察结果,与 a 的进行比较
>>> id(c)                    # 观察结果,与 a 的进行比较
>>> a==b                     # 结果为_____
>>> a==c                     # 结果为_____
>>> c=5.6                    # c 重新赋值,则指向另一个内存的地址
>>> id(c)                    # 观察结果,与 a 的进行比较
>>> a is c                   # 结果为_____
>>> a=3
>>> b=3
>>> c=a
>>> a is b                   # 结果为_____
>>> a is c                   # 结果为_____
>>> a==b                     # 结果为_____
>>> a==c                     # 结果为_____
>>> a='abc'
>>> b='abc'
>>> c=a
```

```
>>> a is b                                          # 结果为 _____
>>> c is c                                          # 结果为 _____
```

> 💡 **说明：**
> is 和 == 的区别是：is 用于判断两个变量引用的对象是否是同一个内存空间，== 用于判断两个变量的值是否相等。但是，对于小整数、字符串则有不同的表现。小整数和字符串是不可变对象，Python 为了提高存储效率，对于相同的小整数和字符串不再重复地分配存储空间。

（7）运算符的优先级

```
>>> 2+1*4                                           # 结果为 _____
>>> 2*2**3                                          # 结果为 _____
>>> 1+2*-3                                          # 结果为 _____
>>> 3<<2+1                                          # 结果为 _____
>>> (3<<2)+1                                        # 结果为 _____
>>> 3<2 and 2<1 or 5>4                              # 结果为 _____
>>> 3<2 and (2<1 or 5>4)                            # 结果为 _____
>>> (3<2)and (( 2<1 ) or ( 5>4 ))                   # 结果为 _____
```

> 💡 **说明：**
> Python 语言运算符优先级遵循的规则为：算术运算符优先级最高，其次是位运算符、成员测试运算符、关系运算符、逻辑运算符等，算术运算符遵循"先乘除，后加减"的基本运算原则。

3. 内置函数的使用

```
>>> dir(__builtins__)                               # 功能为 _____
>>> help(round)                                     # 功能为 _____
```

> 💡 **说明：**
> 内置函数（Built-In Functions，BIF）是 Python 内置对象类型之一，不需要额外导入任何模块即可直接使用，使用内置函数 dir(__builtins__) 可以查看所有内置函数和内置对象，使用 help(函数名) 可以查看某个函数的用法。

（1）数字类函数

```
>>> abs(-3.14)                                      # 结果为 _____
>>> round(3.14)                                     # 结果为 _____
>>> round(1234.5678,2)                              # 结果为 _____
>>> round(1234.5678,0)                              # 结果为 _____
>>> round(1234.5678,-1)                             # 结果为 _____
>>> round(5.5)                                      # 结果为 _____
>>> round(6.5)          #特例，当小数部分为 0.5 时，且整数部分为偶数，舍弃小数 6
```

```
>>> int(3.5)                    # 取整，结果为 _____
```

(2) 数字类型转换函数

```
>>> bin(129)                    # 把数字转换为二进制串，结果为 _____
>>> oct(129)                    # 结果为 _____
>>> hex(253)                    # 结果为 _____
>>> float(2)                    # 结果为 _____
>>> float('2.5')                # 结果为 _____
>>> float('inf')                # 无穷大，其中 inf 表示无穷大，不区分大小写
inf
>>> complex(2)                  # 结果为 _____
>>> complex(2, 3)               # 结果为 _____
```

> 💡 **说明：**
> 内置函数 bin()、oct()、hex() 用来将整数转换为二进制、八进制和十六进制形式，这三个函数都要求参数必须为整数，结果为字符串。
> 内置函数 float() 用来将其他类型数据转换为实数，complex() 可以用来生成复数。

(3) 字符与编码转换函数

```
>>> ord('a')                    # 结果为 _____
>>> ord('中')                   # 功能是 _____
>>> chr(65)                     # 结果为 _____
>>> chr(ord('A')+1)             # 结果为 _____
>>> chr(ord('国')+1)            # 功能是 _____
```

> 💡 **说明：**
> ord() 和 chr() 是一对功能相反的函数，ord() 用来返回单个字符的 Unicode 码，而 chr() 则用来返回 Unicode 编码对应的字符。

(4) 数字与字符串转换函数

```
>>> str(1234.5)                 # 结果为 _____
>>> eval('1234.5')              # 结果为 _____
>>> str([1,2,3])                # 结果为 _____
>>> str((1,2,3))                # 结果为 _____
>>> str({1,2,3})                # 结果为 _____
>>> eval('1+2')                 # 结果为 _____
>>> eval('9')                   # 结果为 _____
>>> eval(str([1, 2, 3, 4]))     # 列表转换成字符串后，再由 eval() 转换成列表
```

> 💡 **说明：**
> str() 函数可以将数值转换成字符串，eval() 函数可以将字符串转换成数值。实际上，str() 函数也可将其他类型转换成字符串，eval() 还可以用来计算字符串表达式的值，而且在有些场合也可以用来实现类型转换的功能。

(5) 判断数据类型

```
>>> type(3)                                    # 结果为 _____
>>> type([3])                                   # 结果为 _____
>>> type({3}) in (list, tuple, dict)            # 结果为 _____
>>> type({3}) in (list, tuple, dict, set)       # 结果为 _____
>>> isinstance(3, int)                          # 结果为 _____
>>> isinstance(3j, int)                         # 结果为 _____
>>> isinstance(3j, (int, float, complex))       # 结果为 _____
```

> **说明：**
> 内置函数 type() 和 isinstance() 可以用来判断数据类型，常用来对函数参数进行检查，可以避免错误的参数类型导致函数崩溃或返回意料之外的结果。

(6) range() 函数

```
>>> range(10)                   # 结果为 _____
>>> list(range(10))             # 结果为 _____
>>> list(range(1, 10, 2))       # 结果为 _____
>>> list(range(9, 0, -2))       # 结果为 _____
```

> **说明：**
> range() 是 Python 开发中常用的一个内置函数，语法格式为 range([start,] end [,step])，有 range(stop)、range(start, stop) 和 range(start, stop, step) 三种用法。该函数返回具有惰性求值特点的 range 对象，其中包含左闭右开区间 [start,end) 内以 step 为步长的整数。参数 start 默认为 0，step 默认为 1。

4. 标准函数的导入

(1) import 模块名 [as 别名]

```
>>> import math
>>> math.sin(1)                                 # 功能是 _____
>>> math.pi                                     # 功能是 _____
>>> import random
>>> n1=random.random()                          # 功能是 _____
>>> n2=random.randint(1,100)                    # 生成 [1,100] 区间上的随机整数
>>> n3=random.randrange(1, 100)                 # 生成 [1,100] 区间中的随机整数
>>> print(n1,n2,n3)                             # 观察输出内容
>>> dir(random)                                 # 功能是 _____
>>> help(random.randint)                        # 功能是 _____
>>> import os.path as path                      # 导入标准库 os.path，并设置别名为 path
>>> path.isfile(r'C:\windows\notepad.exe')      # 功能是 _____
>>> import numpy as np                          # 导入第三方扩展库 numpy，并设置别名为 np
```

> **说明：**
> 使用"import 模块名 [as 别名]"这种方式导入模块后，要在对象（函数、常量等）前加上模块名，以"模块名.对象名"的形式使用。模块名也可以更换为指定的别名。

调入模块后，可以使用 dir(模块名)，查看模块中所包含的函数及常量等。import 语句也可一次导入多个模块，但一般建议每个 import 语句只导入一个模块，且遵循标准库、扩展库和自定义库的顺序进行导入。

（2）from 模块名 import 对象名 [as 别名]

```
>>> from math import sin
>>> sin(1)                                  # 注意使用方法，功能是 _____
>>> from math import sin as f
>>> f(1)                                    # 功能是 _____
>>> from os.path import isfile
>>> isfile(r'C:\windows\notepad.exe')       # 功能是 _____
```

💡 说明：

使用 "from 模块名 import 对象名 [as 别名]" 方式明确导入模块中的指定对象，可以省去模块名，直接使用对象。这样能够提高程序的效率，同时也减少输入的代码量。

（3）from 模块名 import *

```
>>> from math import *                      # 导入标准库 math 中所有对象
>>> cos(1)                                  # 功能是 _____
>>> pi                                      # 功能是 _____
>>> log2(3)                                 # 功能是 _____
>>> log10(3)                                # 功能是 _____
```

💡 说明：

使用 "from 模块名 import *" 方式可以导入模块中的所有对象。这种方式导入，模块中的对象也可以直接使用。

5. 输入、输出函数的使用

（1）input() 函数

```
>>> a=input("请输入数据")
请输入数据100                                # 输入一个数字串，如100
>>> b=int(a)+10                             # 结果为 _____
>>> print(type(a),type(b))                  # 结果为 _____
>>> b=int(input("请输入数据"))+10
请输入数据100
>>> print(b)                                # 结果为 _____
>>> b=int(input("请输入数据"))+10
请输入数据100
>>> print(b)                                # 结果为 _____
>>> b=int(input("请输入数据"))+10
请输入数据3.14                               # 输入带小数点的一个数字串，如3.14
                                            # 出错，为什么？_____
>>> b=float(input("请输入数据"))+10
请输入数据3.14                               # 输入带小数点的一个数字串，如3.14
>>> print(b)                                # 结果为
>>> b=eval(input("请输入数据"))+10           # 输入一个数字串，如100
请输入数据100
```

```
>>> print(b)                                    # 结果为 _____
>>> b=eval(input("请输入数据")) + 10            # 输入 3.14
请输入数据 3.14
>>> print(b)                                    # 结果为 _____
>>> b=eval(input("请输入数据")) + 10            # 输入表达式，如 20+30
请输入数据 20+30
>>> print(b)                                    # 结果为 _____
>>> x=input("请输入学习的语言")
请输入学习的语言 Python                         # 输入字符串，如 Python，不需加引号
>>> print(x)                                    # 结果为 _____
>>> y=input("请输入数据")
请输入数据 "abc"123456                          # 输入带引号时，引号作为字符串的一部分
>>> print(y)                                    # 结果为 _____
>>> int(y)+1                                    # 结果为 _____
```

(2) print() 函数

```
>>> print()                                     # 结果为 _____
>>> print(1,3,5,7)                              # 结果为 _____
>>> print(1,3,5,7, sep='\t')                    # 结果为 _____
>>> print(1,3,5,7, sep='\n')                    # 结果为 _____

>>> for i in range(5):
        print(i)                                # 输出 _____ 行

>>> for i in range(5):
        print(i, end=' ')                       # 结果为 _____
```

综合训练

1. 已知 x=2,y=3，给出实现 x,y 交换值的方法_____。
2. 已知 x 为整数，判断 x 为偶数的表达式为_____。
3. 已知 x 为一字符，判断 x 为字母或数字的表达式为_____。
4. 已知 x=3，将 x 扩大 4 倍的表达式为_____，或为_____。
5. 使用 input('输入算术表达式') 输入算术表达式，计算其值的表达式为_____。
6. 以下程序的执行结果，第一行是_____，第二行是_____。

```
for i in range(5,20,5):
    if i % 2: print(i)
```

7. 以下选项中属于 Python 中合法变量名的是_____。
   A．1234abcd   B．elif   C．X&Y   D．stu_flag
8. 以下程序的循环执行次数为_____。

```
for i in range(1,9,2):
    print(i)
```

   A．3   B．4   C．5   D．6

实验思考题

1. 编写累加和程序，要求通过 input() 函数输入一个整数 n，实现 1~n 整数的累加和。

2. 编写求解 $ax^2+bx+c=0$ 的根，要求使用 input() 函数输入 a、b、c 的值，输出根 $x1$、$x2$。

3. 编写求函数 $y=x^2-2x+5$ 的值的程序，要求使用 input() 函数输入 x 的值，计算并输出 y 的值。

4. 编写求 10 个随机 2 位整数的程序，要求在一行内输出，以逗号隔开。

序 列

本章实验要求学生掌握 Python 的字符串、列表、元组、字典、集合等数据类型,并通过内置函数及各自的方法进行运算处理。

实验 3.1 序列基本操作

实验目的

- 掌握序列数据类型。
- 熟悉序列索引的使用。
- 掌握序列的切片操作。
- 掌握序列的重复、连接及函数的使用。

实验内容

1. 索引、切片的使用

```
>>> xStr='Python'
>>> xStr[0]                                      # 结果为 _____
>>> xStr[5]                                      # 结果为 _____
>>> xStr[-1]                                     # 结果为 _____
>>> xStr[-4]                                     # 结果为 _____
>>> xStr[0:3]                                    # 结果为 _____
>>> xStr[1:2]                                    # 结果为 _____
>>> xStr[::-1]                                   # 结果为 _____
>>> xList=['Jan.','Feb.','Mar.','Apr.','May.','Jun.','Jul.','Aug.','Sept.',
'Oct.','Nov.','Dec.']
>>> xList[0]                                     # 结果为 _____
>>> xList[11]                                    # 结果为 _____
>>> xList[12]                                    # 结果为 _____
>>> xList[-1]                                    # 结果为 _____
>>> xList[-12]                                   # 结果为 _____
>>> xList                                        # 结果为 _____
>>> xList[0:3]                                   # 结果为 _____
>>> xList[1:3]                                   # 结果为 _____
>>> xList[1:2]                                   # 结果为 _____
```

```
>>> xList[0:12]                          # 结果为 _____
>>> xList[::-1]                          # 结果为 _____
>>> xList[::]                            # 结果为 _____
```

> 💡 **说明：**
> ① 序列对象可以由多个元素组成，有序序列每个元素都可以通过索引（下标）进行访问。可以使用整数作为下标来访问其中的元素。0 表示第 1 个元素，1 表示第 2 个元素，2 表示第 3 个元素，以此类推。还支持使用负整数作为下标，-1 表示最后 1 个元素，-2 表示倒数第 2 个元素，-3 表示倒数第 3 个元素，以此类推。
> ② 切片操作格式为：序列 [开始下标 : 结束下标 : 步长]，3 个参数可部分或全部省略。

```
>>> aTuple = (1, 2, 3, 4, 5, 6, 7, 8)
>>> aTuple[3:7]                          # 结果为 _____
>>> aTuple[::]                           # 结果为 _____
>>> aTuple[::-1]                         # 结果为 _____
>>> aTuple[::2]                          # 结果为 _____
>>> aTuple[1::2]                         # 结果为 _____
>>> aTuple[0:10]                         # 结果为 _____
>>> aTuple[10]                           # 结果为 _____
>>> aTuple[10:]                          # 结果为 _____
>>> aTuple[-15:3]                        # 结果为 _____
>>> aTuple[3:-7:-1]                      # 结果为 _____
>>> aTuple[3:-2]                         # 结果为 _____
```

2. 重复与连接

```
>>> 'Python'*2                           # 结果为 _____
>>> 'Python'+' '+'Language'              # 结果为 _____
>>> ['Jan.','Feb.','Mar.'] * 3           # 结果为 _____
>>> (1,2,3)*3                            # 结果为 _____
>>> (1,2,3)+(4,5,6)                      # 结果为 _____
>>> aList=['Jan.','Feb.','Mar.']
>>> aList*2                              # 结果为 _____
>>> aList                                # 结果为 _____
>>> aList+['Apr.','May.','Jun.']         # 结果为 _____
>>> aList+'Python'                       # 结果为 _____
```

3. 序列内置函数的使用

```
>>> list('Python')                       # 结果为 _____
>>> tuple('Python')                      # 结果为 _____
>>> aList=['Jan.','Feb.','Mar.']         # 结果为 _____
>>> tuple(aList)                         # 结果为 _____
>>> list((1,2,3))                        # 结果为 _____
>>> str((1,2,3,4))                       # 结果为 _____
>>> str([1,2,3,4])                       # 结果为 _____
>>> list(str([1,2,3]))                   # 结果为 _____
>>> max([1,2,3,4,5])                     # 结果为 _____
>>> max(['2','123','13'])                # 结果为 _____
>>> min(['2','123','13'])                # 结果为 _____
>>> sum([1,2,3,4,5])                     # 结果为 _____
```

```
>>> sum([1,2,3,4,5],2)                        # 结果为 _____
>>> sum(range(0,6))                           # 结果为 _____
>>> max(['2','123','13'], key=len)            # 结果为 _____
>>> min(['2','123','13'], key=len)            # 结果为 _____
>>> print(max([], default=None))              # 结果为 _____
```

> **说明：**
> 函数 max() 和 min() 还支持 default 参数和 key 参数，其中 default 参数用来指定可迭代对象为空时默认返回的最大值或最小值，而 key 参数用来指定比较大小的依据或规则。

```
>>> Lst=[6, 0, 1, 7, 4, 3, 2, 8, 5, 10, 9]
>>> sorted(Lst)                               # 结果为 _____
>>> sorted(Lst, key=str)                      # 结果为 _____
>>> Lst                                       # 结果为 _____
>>> x=reversed(Lst)                           # 生成 _____
>>> x                                         # 结果为 _____
>>> list(x)                                   # 结果为 _____
>>> for i in x:
        print(i,end=' ')                      # 结果为 _____，为什么 _____
>>> x=reversed(Lst)
>>> for i in x:
        print(i,end=' ')                      # 结果为 _____，为什么 _____
```

> **说明：**
> ① sorted() 对列表、元组、字典、集合或其他可迭代对象进行排序并返回新列表，原列表不变，参数 key 指定排序规则。
> ② reversed() 对可迭代对象（生成器对象和具有惰性求值特性的 zip、enumerate 等类似对象除外）进行翻转（首尾交换）并返回可迭代的 reversed 对象。

```
>>> x=['aaaa', 'bc', 'd', 'b', 'ba']
>>> reversed(x)                               # 生成 _____
>>> list(reversed(x))                         # 结果为 _____
>>> x=enumerate('abcd')                       # 生成 _____
>>> list(x)                                   # 结果为 _____
>>> list(enumerate(['Python', 'Greate']))     # 结果为 _____
>>> for index, value in enumerate(range(1, 6)):
        print((index, value), end=' ')        # 结果为 _____
>>> list(zip('abcd', [1, 2, 3, 4]))           # 结果为 _____
>>> list(zip('123', 'abc', '!@#'))            # 结果为 _____
>>> x=zip('abcd', '123')                      # 生成 _____
>>> list(x)                                   # 结果为 _____
>>> list(x)                                   # 结果为 _____，为什么？_____
```

> **说明：**
> 实际上 reversed() 函数产生的是一个迭代器，它的元素在遍历的过程中产生（即惰性求值特征），每次产生一个元素，占用的内存空间少，它只能遍历一次。而列表是一次性获得所有元素值，占用内存空间大。同样，enumerate()、zip() 函数也有迭代器特征。

第 3 章 | 序 列

📖 **综合训练**

1. 已知 xStr='Python'，给出输出下列结果的切片操作表达式。

（1）输出 'yth'，表达式为_____。

（2）输出 'Py'，表达式为_____。

（3）输出 'Pto'，表达式为_____。

（4）输出 'nhy'，表达式为_____。

（5）输出 'nohtyP'，表达式为_____。

2. 已知 aList = ['Mon.', 'Tues.', 'Wed.', 'Thur.', 'Fri.', 'Sat.', 'Sun.']，给出输出下列结果的切片操作表达式。

（1）输出 ['Sat.', 'Sun.']，表达式为_____，或_____。

（2）输出 ['Sun.', 'Sat.', 'Fri.', 'Thur.', 'Wed.', 'Tues.', 'Mon.']，表达式为_____。

（3）输出 ['Sun.', 'Fri.', 'Wed.', 'Mon.']，表达式为_____。

（4）输出 ['Mon.', 'Thur.', 'Sun.']，表达式为_____。

（5）输出 ['Tues.', 'Thur.', 'Sat.']，表达式为_____。

3. 已知 aList = [6, 0, 1, 7, 4, 3, 2, 8, 5, 10, 9]，给出输出下列结果的表达式。

（1）输出 [0, 1, 2, 3, 4, 5, 6, 7, 8, 9, 10]，表达式为_____。

（2）输出 [0, 1, 10, 2, 3, 4, 5, 6, 7, 8, 9]，表达式为_____。

（3）输出 [9, 10, 5, 8, 2, 3, 4, 7, 1, 0, 6]，表达式为 list(_____(aList))。

4. 已知 x = ['aaa', 'bc', 'd', 'b', 'ba']，给出输出下列结果的表达式。

（1）输出 ['aaa', 'b', 'ba', 'bc', 'd']，表达式为_____。

（2）输出 [(0, 'aaa'), (1, 'b'), (2, 'ba'), (3, 'bc'), (4, 'd')]，表达式为_____。

5. 已知 x = ['aaa', 'bc', 'd', 'b', 'ba']，给出输出下列结果的表达式。

（1）输出 [('1', 'aaa'), ('2', 'bc'), ('3', 'd'), ('4', 'b'), ('5', 'ba')]，表达式为 list(_____('12345',x))。

（2）输出 [('1', 'aaa'), ('2', 'b'), ('3', 'ba'), ('4', 'bc'), ('5', 'd')]，表达式为 list(_____('12345', _____(x)))。

6. 执行下列程序，输出结果为_____。

```
aList = ['Mon.', 'Tues.', 'Wed.', 'Thur.', 'Fri.', 'Sat.', 'Sun.']
for i in range(len(aList)):
    print(aList[i],end='#')
```

实验 3.2 字符串操作

🖥 **实验目的**

- 掌握字符串数据类型。
- 熟悉转义字符及字符串格式化。
- 掌握字符串常用方法的使用。

实验内容

1. 字符串的创建

```
>>> Str1='This is a string.'
>>> Str2="This is a string."
>>> Str3='''This id a string.'''
>>> Str4="""This is a string."""
>>> Str5="I'm a student."
>>> print(Str5)                          # 结果为 _____
>>> Str1='python!'
>>> Str1[0]='P'                          # 结果为 _____
>>> Str2='P' + Str1[1:]
>>> Str2                                 # 结果为 _____
>>> Str1=''
>>> len(Str1)                            # 结果为 _____
>>> type(Str1)                           # 结果为 _____
>>> Str2=str(123456.780)
>>> Str2                                 # 结果为 _____
>>> len(Str2)                            # 结果为 _____
```

说明：

① 在 Python 中，使用单引号、双引号、三个单引号、三个双引号作为定界符来表示字符串。当字符串中包含单引号时，定界符可以使用双引号。当字符串中包含双引号时，定界符可以使用单引号。

② 字符串类型是不可变序列，所有不可修改字符串变量中元素（可以清空），若要修改字符串，可将修改的内容赋给另一个变量。

```
>>> Str6='''This is a very long string. It continues here.
And it's not over yet. "Hello, world!"
Still here.'''
>>> Str6                                 # 观察输出结果
'This is a very long string. It continues here.\nAnd it\'s not over yet. "Hello, world!"\nStill here.'
>>> print(Str6)                          # 观察输出结果
This is a very long string. It continues here.
And it's not over yet. "Hello, world!"
Still here.
```

说明：

三个引号表示的字符串输出时可以保持长字符串的原貌。但变量中存储的内容包含了"\n""\'"特殊的转义字符，"\n"表示换行，"\'"表示字符串内容而不是字符串定界符。

2. 转义字符及字符串格式化

```
>>> Str7="Hello\nworld!"
>>> Str7                                    # 结果为 _____
>>> print(Str7)                             # 结果为 _____
>>> print('Hello\nWorld')                   # 观察结果
Hello
World
>>> print('\101')                           # 结果为 _____
>>> print('\x41')                           # 结果为 _____
>>> path = 'C:\Windows\\notepad.exe'        # 文件路径中的字符 \\ 表示真正 \
>>> print(path)                             # 结果为 _____
>>> path = 'C:\Windows\notepad.exe'
>>> print(path)                             # 结果为 _____
>>> path = r'C:\Windows\notepad.exe'        # 原始字符串，任何字符都不转义
>>> print(path)                             # 结果为 _____
```

> 💡 **说明：**
> 为了避免对本应属于字符串内容的字符进行转义，还可以使用原始字符串，在字符串前面加上字母 r 或 R 表示原始字符串，其中的所有字符都表示原始的含义而不会进行任何转义。

```
>>> x=12345
>>> "%o" % x                                # 转化为八进制，结果为 _____
>>> "%e" % x                                # 转化为科学记数法，结果为 _____
>>> "%8.2f" % x                             # 转化为指定精度的实数，结果为 _____
>>> "%s" % x                                # 转化为字符串，结果为 _____
>>> print("%d,%c" % (68,68))                # 分别转化为十进制数、字符，结果为 _____
```

> 💡 **说明：**
> 使用格式字符串的形式如下所示，格式字符串以 "%" 开始并加上引号，再通过 "%" 连接要输出的表达式。

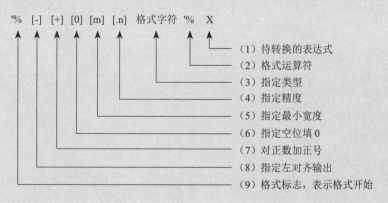

```
>>> "{0} is a {1}.".format("Python", "language")   # 观察结果
'Python is a language.'
>>> "{1} is a {0}.".format("Python", "language")   # 结果为 _____
```

```
>>> print("{:^10}\t{:^6}\t{:^6}".format("排名","学校名称","总分"))
                                                                    # 观察结果
    排名        学校名称      总分
>>> print("{:^10}\t{:^6}\t{:>6.2f}".format(1,"清华大学",9.8))  # 观察结果
       1        清华大学       9.80
>>> print("{:=^10}\t{:^6}\t{:#>6.2f}".format(1,"清华大学",9.8))
                                                                    # 结果为_____
```

> **说明：**
>
> 使用格式化模板，能够更加方便灵活地进行字符串格式化，格式化模板的语法形式：
>
> '格式化模板'.format(对象1,对象2,…,对象n)
>
> 在格式化模板中，使用"{序号:格式说明}"作为占位符，其中序号表示输出的第几个对象，当序号与输出对象依次对应时，可省略序号。当有格式说明时，需加":"号，格式说明由模板格式符组成（模板格式符与格式字符串中格式符略有差别），常用的格式化模板格式符如表3.1所示。格式说明一般格式如下：
>
> {参数的位置:[对齐说明符][符号说明符][最小宽度说明符][.精度说明符][类型说明符]}

表3.1 常用格式化模板格式符

字符	说明
b	二进制，以2为基数输出数字
o	八进制，以8为基数输出数字
x	十六进制，以16为基数输出数字，9以上的数字用小写字母（类型符为X时用大写字母）表示
c	字符，将整数转换成对应的Unicode字符输出
d	十进制整数，以10为基数输出数字
f	定点数，以定点数输出数字
e	指数记法，以科学计数法输出数字，用e（类型符是E时用大写E）表示幂
[+]m.nf	输出带符号（若格式说明符中显式使用了符号"+"，则输出大于或等于0的数时带"+"号）的数，保留n位小数，整个输出占m位（若实际宽度超过m则突破m的限制）
>	右对齐，默认用空格填充左边，其左边可以加上填充符，如#>6.2f
<	左对齐，默认用空格填充右边，其左边可以加上填充符，如#<6.2f
^	居中对齐，默认用空格填充左右边，其左边可以加上填充符，如#^
{{}}	输出一个 {}

3. 字符串常用的方法

(1) 查找类方法

```
>>> s='every here and there'
>>> s.find('ere')           # 结果为_____
>>> s.find('ere',8)         # 从索引号8位置开始查找，结果为_____
>>> s.find('ere',8,18)      # 从索引号8开始到18位置查找，结果为_____
>>> s.rfind('h')            # 从右边向左边开始查找，结果为_____
>>> s.index('h')            # 结果为_____
>>> s.index('er')           # 结果为_____
```

```
>>> s.index('ser')                    # 结果为 _____
>>> s.count('h')                      # 结果为 _____
>>> s.count('hi')                     # 结果为 _____
```

> 💡 **说明**：
> find() 和 rfind() 方法分别用来从左往右或从右往左查找一个字符串在另一个字符串指定范围（默认是整个字符串）内首次和最后一次出现的位置，如果不存在则返回 −1；index() 和 rindex() 方法用来返回一个字符串在另一个字符串指定范围内首次和最后一次出现的位置，如果不存在则出错；count() 方法用来返回一个字符串在另一个字符串中出现的次数。

（2）字符串拆分

```
>>> s1="apple,peach,banana,pear"
>>> s1.split(",")                     # 结果为 _____
>>> s1.partition(',')                 # 结果为 _____
>>> s1.rpartition(',')                # 结果为 _____
>>> s.rpartition('banana')
>>> s2 = "2020-8-10"
>>> t=s2.split('-')                   # 分隔符为 "-"
>>> t                                 # 结果为 _____
>>> 'a,,,bb,,ccc'.split(',')          # 观察结果
['a', '', '', 'bb', '', 'ccc']        # 每个逗号都被作为独立的分隔符，形成
                                      # 空字符串的元素 ''
```

> 💡 **说明**：
> split() 和 rsplit() 方法分别用来以指定字符为分隔符，把当前字符串从左往右或从右往左分隔成多个字符串，并返回包含分隔结果的列表；partition() 和 rpartition() 用来以指定字符串为分隔符将原字符串分隔为 3 部分，即分隔符前的字符串、分隔符字符串、分隔符后的字符串，如果指定的分隔符不在原字符串中，则分隔为原字符串和两个空字符串，并返回这 3 个元素的元组。

```
>>> s1='hello \tworld \n\n This is a sample'
>>> s1.split()                                    # 等价 s1.split(None)，观察结果
['hello', 'world', 'This', 'is', 'a', 'sample']
```

> 💡 **说明**：
> 对于 split() 和 rsplit() 方法，如果不指定分隔符，则字符串中的任何空白符号（空格、换行符、制表符等）都将被认为是分隔符，把连续多个空白字符看作一个分隔符。

```
>>> s1 = 'hello \tworld \n\n This is a sample'
>>> s1.split(None,1)                  # 不指定分隔符，最大分隔次数为 1
['hello', 'world \n\n This is a sample']
>>> s1.rsplit(None,1)                 # 不指定分隔符，最大分隔次数为 1，自右向左
['hello \tworld \n\n This is a', 'sample']
```

```
>>> s1.rsplit(None,2)                          # 结果为 _____
>>> s1.split(None,6)                           # 结果为 _____
>>> s1.split(maxsplit=6)                       # 不指定分隔符,最大分隔次数为6
['hello', 'world', 'This', 'is', 'a', 'sample']
>>> s1.split(maxsplit=4)                       # 结果为 _____
>>> s1.split(maxsplit=20)                      # 结果为 _____
```

💡 **说明：**

split() 和 rsplit() 方法还允许指定最大分隔次数，当分隔次数大于可分隔次数时，以可分隔次数为准。

(3) 字符串连接

```
>>> fruit=["apple", "peach", "banana", "pear"]
>>> ','.join(fruit)
'apple,peach,banana,pear'
>>> '.'.join(fruit)
'apple.peach.banana.pear'
>>> '->'.join(fruit)                           # 结果为 _____
>>> L1=('1','2','3','4','5')
>>> ','.join(L1)                               # 结果为 _____
>>> ''.join(L1)                                # 结果为 _____
```

💡 **说明：**

字符串连接 join() 方法，将可迭代对象的字符串元素按指定的连接符连接起来，形成一个新字符串。

(4) 字符串大小写

```
>>> s="What is Your Name?"
>>> s.lower()                                  # 返回小写字符串,观察结果
'what is your name?'
>>> s.upper()                                  # 返回大写字符串,观察结果
'WHAT IS YOUR NAME?'
>>> s.capitalize()                             # 字符串首字符大写,观察结果
'What is your name?'
>>> s.title()                                  # 每个单词的首字母大写,观察结果
'What Is Your Name?'
>>> s.swapcase()                               # 大小写互换,观察结果
'wHAT IS yOUR nAME?'
```

(5) 字符串替换

```
>>> s="name,name"
>>> s2=s.replace("name", "姓名")
>>> print(s2)                                  # 结果为 _____
>>> 'This is a test'.replace('is', 'eez')      # 结果为 _____
```

(6) 删除空白或指定字符

```
>>> s=" ab c "
```

```
>>> s.strip()                               # 结果为 _____
>>> '\n\nhello\tworld   \n\n'.strip()       # 删除首尾空白字符，结果为 _____
>>> print('\n\nhello\tworld   \n\n'.strip())
>>> "aaaabcda".strip("a")                   # 删除首尾a字符，结果为 _____
>>> "aaaabcdeaf".strip("af")                # 删除首尾a、f字符，结果为 _____
>>> "aaaabcdefa".strip("af")                # 删除首尾a、f字符，结果为 _____
>>> "aaaabcdefa".rstrip("af")               # 删除右侧a、f字符，结果为 _____
>>> "aaaabcdefgfa".rstrip("af")             # 删除右侧a、f字符，结果为 _____
>>> "aaaabcdefgfa".lstrip("a")              # 删除左侧a字符，结果为 _____
```

> **说明：**
>
> 利用 strip()、rstrip()、lstrip() 方法，可以删除字符串首尾空白符号（空格、换行符、制表符等）或指定的字符。
>
> 参数指定的字符串并不作为一个整体对待，而是在原字符串的两侧、右侧、左侧删除参数字符串中包含的所有字符，直到碰到非参数指定的字符为止。所以，字符串中间的字符即使与指定的字符相同也不会被删除。

（7）判断开始、结束字符串

```
>>> s='We can be back together.'
>>> s.startswith('We')                      # 结果为 _____
>>> s.startswith('can')                     # 结果为 _____
>>> s.endswith('together.')                 # 结果为 _____
>>> s.startswith('can',3,6)                 # 结果为 _____
```

（8）判断数字、字母、大小写

```
>>> '1234abcd'.isalnum()                    # 结果为 _____
>>> 'Abcd'.isalpha()                        # 结果为 _____
>>> '1357'.isdigit()                        # 结果为 _____
>>> 'abcd123'.isalpha()                     # 结果为 _____
>>> '1234.0'.isdigit()                      # 结果为 _____
>>> "   ".isspace()                         # 结果为 _____
>>> "\n\t  ".isspace()                      # 结果为 _____
>>> "ABC".isupper()                         # 结果为 _____
>>> "Abc".isupper()                         # 结果为 _____
>>> "abc".islower()                         # 结果为 _____
```

> **说明：**
>
> 使用 isalnum()、isalpha()、isdigit()、isspace()、isupper()、islower() 方法，测试字符串是否为数字或字母、是否为字母、是否为数字字符、是否为空白字符、是否为大写字母以及是否为小写字母。

（9）字符串对齐

```
>>> 'Hello world!'.center(20)               # 结果为 _____
>>> 'Hello world!'.center(20, '=')          # 结果为 _____
```

```
>>> 'Hello world!'.ljust(20, '=')          # 结果为 _____
>>> 'Hello world!'.rjust(20, '=')          # 结果为 _____
```

💡 **说明：**

使用 center()、ljust()、rjust() 方法，返回指定宽度的新字符串，原字符串居中、左对齐或右对齐出现在新字符串中，如果指定宽度大于字符串长度，则使用指定的字符（默认为空格）进行填充。

📖 **综合训练**

1. 已知 aStr = 'The Boeing Company'，则表达式 aStr[:4] + 'IBM' + aStr[-8:] 的结果为 _____。

2. 执行下列代码，x 的值为 _____，输出为 _____。

```
>>> x='''Hello,
world!'''
>>> print(x)
```

3. 执行下列代码，给出输出结果。

```
>>> import math
>>> r=10
>>> s=math.pi*r*r
>>> l=2*math.pi*r
>>> print('周长为 ',"%d" % l,' 面积为 ',"%8.2f" % x)
_____
>>> print("圆周长为 {0}，面积为 {1}。".format("%d" % l, "%8.2f" % x))
_____
>>> print("{:^6}\t{:^8}".format(" 周长 "," 面积 "))
_____
>>> print("{:^6}\t{:^12}".format("%d" % l, "%8.2f" % x))
_____
```

4. 表达式 '{} love {}'.format('I','you!') 的结果为 _____。

5. 表达式 '{1} love {0}'.format('I','you!') 的结果为 _____。

6. 已知 aStr='c:/usr/bin/env/abc.txt'，给出输出下列结果的表达式。

(1) 输出 ['c:', 'usr', 'bin', 'env', 'abc.txt']，表达式为 _____。

(2) 输出磁盘符 c:，表达式为 _____。

(3) 输出文件名 abc.txt，表达式为 _____。

7. 已知 s = 'We can be back together.'，统计有多少个单词的表达式为 _____。

8. 已知 x='1+2+3+4+5'，改写为连乘的表达式为 _____。

9. 表达式 "\tThis is a \t desk ".strip() 的结果为 _____。

10. 已知 x=['This','is','a','sample']，则 ' '.join() 的结果为 _____。

11. 已知 x=list(range(11))，则表达式 x[-3 :] 的值为 _____。

12. 以下程序的执行结果是 _____。

```
s = "Ha"
print(s*2)
```

实验思考题

1. 试编写程序，实现输入一个身份证号，输出性别及出生日期。输出格式如：男，2001年04月01日（要求分别使用字符串连接和字符串格式化模板实现）。

2. 试编写程序，实现输入任意字母数字串，输出其反序。如输入abcd12，输出21dcba。

3. 试编写程序，实现输入一英文句子（每个单词以空格分隔，最后一个字符为标点符号），输出其所有单词。

4. 试编写程序，实现输入一IP地址，将首字节转换为二进制数。

实验 3.3 列表、元组操作

实验目的

- 掌握列表创建、元素的增加、删除、访问等基本操作。
- 掌握列表排序的方法。

实验内容

1. 列表创建及修改

```
>>> Lst0=[]                                            # 空列表
>>> Lst1=[1, 2.5, 3.8, 40]                             # 数字列表
>>> Lst2=['Python', 'C++', 'VB', 'Java', 'C', 'VC']    # 字符串列表
>>> len(Lst0)                                          # 结果为 _____
>>> len(Lst1)                                          # 结果为 _____
>>> sum(Lst1)                                          # 结果为 _____
>>> max(Lst1)                                          # 结果为 _____
>>> len(Lst2)                                          # 结果为 _____
>>> max(Lst2)                                          # 结果为 _____
>>> max(Lst2,key=len)                                  # 结果为 _____
>>> Lst4=['spam', 2.0, 5, [10, 20]]
>>> Lst5=[['file1', 200,7], ['file2', 260,9]]
>>> Lst6=[{3}, {5:6}, (1, 2, 3)]
>>> len(Lst4)                                          # 结果为 _____
>>> len(Lst4[3])                                       # 结果为 _____
>>> Lst7=[x for x in range(10)]                        #x 的取值为 0~9
>>> Lst7                                               # 结果为 _____
>>> Lst8=list(range(10))
>>> Lst8                                               # 结果为 _____
>>> Lst9=[x ** 2 for x in range(10)]                   #x 的取值为 0~9，对于每一个 x 计算 $x^2$
>>> Lst9                                               # 结果为 _____
```

> 💡 **说明：**
> 列表元素可以是整数、浮点数、字符串等。列表中元素的数据类型并不要求一致，且列表的元素也可以是列表、元组、字典等，对于列表来说，它只是其中一个元素。
> 列表还可以通过列表解析式生成。

```
>>> Lst4=['spam', 2.0, 5, [10, 20]]
>>> Lst4[1]=3.5                          # 切片赋值
>>> Lst4                                 # 结果为_____
>>> Lst4[3][1]=30                        # 切片赋值
>>> Lst4                                 # 结果为_____
>>> Lst6=[{3}, {5:6}, (1, 2, 3)]
>>> Lst6[2][0]=4                         # 出错，为什么?_____
>>> Lst6[2]=4
>>> Lst6                                 # 结果为_____
```

> 💡 **说明：**
> 列表是可变序列，可修改其中可修改的部分。列表中包含的元素是其他不可变元素，如元组，它所包含的元素是不可修改的，但元组作为列表的元素，可作为整体被更换。

```
>>> Lst4=['spam', 2.0, 5, [10, 20]]
>>> aList=Lst4.copy()
>>> aList                                # 结果为_____
>>> aList is Lst4                        # 不是同一个对象，结果为_____
>>> aList[1]=3.0                         # 对aList进行修改
>>> aList[3][1]=30
>>> aList                                # 观察结果变化
['spam', 3.0, 5, [10, 30]]
>>> Lst4                                 # 观察结果变化
['spam', 2.0, 5, [10, 30]]
```

> 💡 **说明：**
> 可以看出，对aList进行修改，对Lst4的直接元素没有影响，但对Lst4包含的列表产生了影响。所以，copy()方法称为浅拷贝。可以使用copy模块的deepcopy()函数进行深拷贝，以避免这种现象。

```
>>> from copy import deepcopy
>>> Lst4=['spam', 2.0, 5, [10, 20]]
>>> aList=deepcopy(Lst4)
>>> aList[1]=3.0
>>> aList[3][1]=30
>>> aList                                # 观察结果变化
['spam', 3.0, 5, [10, 30]]
>>> Lst4                                 # 观察结果变化
['spam', 2.0, 5, [10, 20]]
```

2. 列表元素的增加、删除

```
>>> Lst1=[1, 2, 3]
>>> Lst1.append(4)
>>> Lst1                          # 结果为 _____
>>> Lst1.insert(0, 0)
>>> Lst1                          # 结果为 _____
>>> Lst1.extend([5, 6, 7])
>>> Lst1                          # 结果为 _____
>>> Lst2=[1,2,3]
>>> Lst2.append([4])
>>> Lst2                          # 结果为 _____
>>> Lst2.extend([5,6])
>>> Lst2                          # 结果为 _____
>>> Lst2.extend('Hello')
>>> Lst2                          # 结果为 _____
>>> Lst2.append('world!')
>>> Lst2                          # 结果为 _____
>>> Lst2.extend(7)                # 结果为 _____
```

> **说明：**
> 列表元素的增加可以使用 append()、extend()、insert() 方法。append() 用于向列表尾部追加一个元素，insert() 用于向列表任意指定位置插入一个元素，extend() 用于将另一个列表中的所有元素追加至当前列表的尾部。例如：append() 的参数是要增加的元素，而 extend() 的参数是可迭代对象，将迭代对象中每个元素追加到列表中。

```
>>> Lst3=[1,2,3,4,5,6,7,8]
>>> Lst3.pop(2)                   # 结果为 _____
>>> Lst3.pop()                    # 结果为 _____
>>> Lst3                          # 结果为 _____
>>> Lst3.append(5)
>>> Lst3                          # 结果为 _____
>>> Lst3.remove(5)
>>> Lst3                          # 结果为 _____
```

> **说明：**
> 列表元素的删除可以使用 pop()、remove() 方法。pop() 用于删除并返回指定位置（默认是最后一个）上的元素（类似于"栈"的弹出操作，弹出后列表中不包含该元素）；remove() 用于删除列表中第一个与指定值相等的元素。

```
>>> Lst3=[1,2,3,4,5,6,7,8]
>>> del  Lst3[2]
>>> Lst3                          # 结果为 _____
>>> Lst3=[1,2,3,4,5,6,7,8]
>>> Lst3[len(Lst3):]=[9]
>>> Lst3                          # 结果为 _____
>>> Lst3[:0]=[-1,0]
```

```
>>> Lst3                                    # 结果为 _____
>>> Lst3[:2]=[]
>>> Lst3                                    # 结果为 _____
```

> 💡 **说明：**
> 可以使用 del 命令删除列表中指定位置的元素。列表元素也可以通过切片来增加、删除。

3. 列表元素的访问

```
>>> Lst4=[1, 2, 3, 1, 2, 3, 4, 5, 1, 2]
>>> Lst4.count(2)                           # 结果为 _____
>>> Lst4.count(6)                           # 结果为 _____
>>> Lst4.index(2)                           # 结果为 _____
>>> Lst4.index(1,6,9)  # 元素1在列表Lst4自索引号6~9范围中出现的索引，结果为 _____
>>> Lst4.index(10)                          # 结果为 _____
```

> 💡 **说明：**
> 列表方法 count() 用于返回列表中指定元素出现的次数；index() 用于返回指定元素在列表中首次出现的位置，如果该元素不在列表中则出错。

4. 列表的排序

```
>>> Lst5=[6, 0, 1, 7, 4, 3, 2, 8, 5, 10, 9]
>>> Lst5.sort()
>>> Lst5                                    # 结果为 _____
>>> Lst5.sort(key=str)                      # 按转换为字符串后的大小，升序排序
>>> Lst5                                    # 结果为 _____
>>> Lst5.sort(key=str, reverse=True)        # 按转换为字符串后的大小，降序排序
>>> Lst5                                    # 结果为 _____
>>> Lst6=['Python', 'C++', 'VB', 'Java', 'C', 'VC']
>>> Lst6.sort()                             # 按默认规则字符串大小排序
>>> Lst6                                    # 结果为 _____
>>> Lst6.sort(key=len)                      # 按字符串长度排序
>>> Lst6                                    # 结果为 _____
>>> Lst6.reverse()                          # 把所有元素翻转或逆序
>>> Lst6                                    # 结果为 _____
>>> Lst6.reverse()                          # 再逆序，恢复为原来次序
>>> Lst6                                    # 结果为 _____
```

> 💡 **说明：**
> 列表对象的 sort() 方法用于按照指定的规则对所有元素进行排序，规则可以是大小、字符串长度等；reverse() 方法用于将列表所有元素逆序或翻转。

```
>>> Lst6=['Python', 'C++', 'VB', 'Java', 'C', 'VC']
>>> sorted(Lst6)                            # 结果为 _____
>>> Lst6                                    # 结果为 _____
>>> list(reversed(Lst6))                    # 结果为 _____
```

```
>>> Lst6                                    # 结果为 _____
```

> 💡 **说明：**
> sorted() 函数与 sort() 方法，reversed() 函数与 reverse() 方法使用上有区别。sorted()、reversed() 是序列的内置函数，它返回一个新的序列，而 sort()、reverse() 方法是列表的方法，它对原列表进行更新。由于字符串和元组是不可变序列，所以字符串和元组只有 sorted()、reversed() 函数，而没有 sort()、reverse() 方法。

5. 元组的创建及特性

```
>>> tup1=(1, 2, 3)
>>> type(tup)                               # 结果为 _____
>>> tup1[0]                                 # 结果为 _____
>>> tup[-1]                                 # 结果为 _____
>>> tup1=1,2,3                              # 元组赋值，可以省略括号
>>> tup1                                    # 结果为 _____
>>> tup2=(1, 2, 3)
>>> tup2[1]=4                               # 结果为 _____
>>> tup3=(3,)                               # 元组只有一个元素
>>> type(tup3)                              # 结果为 _____
>>> tup3                                    # 结果为 _____
>>> tup4=(3)                                # 3 作为整数
>>> type(tup4)                              # 结果为 _____
>>> tup4                                    # 结果为 _____
```

> 💡 **说明：**
> 元组的创建与列表相似，只需要在圆括号中添加元素，并使用逗号隔开即可。元组是不可更改的序列。当元组只有一个元素时，需要在这个元素的后面添加一个逗号，否则圆括号会被当作运算符使用。

```
>>> tup5=(1, 2, ['abc', 'def','ghi'], 4, 'abcdef')
>>> len(tup5)                               # 结果为 _____
>>> tup5[3]                                 # 结果为 _____
>>> tup5[2]                                 # 结果为 _____
>>> tup5[2][0]                              # 结果为 _____
>>> tup5[2][0]='abcd'
>>> tup5                                    # 结果为 _____
>>> tup5[-1][0:3]                           # 结果为 _____
```

> 💡 **说明：**
> 元组的元素可以是不同的数据类型，也可以是列表、元组等。元组是不可变序列，但是若其中包含列表、字典等可变序列，那么这部分的元素可以修改。
> 列表和元组都属于有序序列，都支持使用双向索引访问其中的元素，以及使用 count() 方法统计指定元素的出现次数和 index() 方法获取指定元素的索引。内置函数 len()、

max()、min()、sum() 以及 "+"、"*" 等运算符也都适用于列表和元组。

但元组属于不可变序列，不可以直接修改元组中元素的值，也无法为元组增加或删除元素。所以，元组没有提供 append()、extend() 和 insert() 等方法，无法向元组中添加元素，也没有 remove() 和 pop() 方法以及 del 操作，从元组中删除元素。但可以使用 del 命令删除整个元组。

综合训练

1. 执行以下程序，结果分别是_____和_____。

```
names=("Mike", "Jack", "Rose")
scores=((68,86,99), (90,67,88), (84,86,89))
stuInfo=list(zip(names, scores))
len(stuInfo)
stuInfo[-1][1][2]
```

2. 以下程序的执行结果，第一行是_____，第三行是_____。

```
strings=["VB", "Python", "C", "C++", "Java"]
for word in strings:
    print(len(word), end = ' ')
print()
strings.sort(key = len, reverse = True)
print(strings)
```

3. 以下程序的执行结果，第一行是_____，第二行是_____。

```
list1=[1,2,3]
list2=[4,5,6]
list1.append(list2)
print(list1)
list2.insert(0, len(list2))
print(list2)
```

4. 已知列表 lst = [2.0, 4.0, 6.0]，则表达式 sum(lst)/len(lst) 的值是_____。
   A. 2.0　　　　　B. 4.0　　　　　C. 6.0　　　　　D. 表达式有误

5. 已知 Tup1=(x+1 for x in range(10))，Tup1 的值为_____。

6. 执行以下程序的输出结果是_____。

```
squares=[]
for value in range(1,11):
    square=value**2
    squares.append(square)
print(squares)
```

7. 执行以下程序的输出结果是_____。

```
squares=[value**2 for value in range(1,11)]
print(squares)
```

实验思考题

1. 编写程序，实现输入任意字母串，按 ASCII 码从小到大顺序输出。如输入 edabg，输出 abdeg。

2. 编写程序，随机生成 20 个整数，保存在列表 L1 中，输出列表，并输出其最大值、最小值、平均值。

3. 已知 pList = [('AXP', 'American Express Company', '78.51'),('BA',' The Boeing Company', '184.76'),('CAT', 'Caterpillar Inc.', '96.39'),('CSCO', 'Cisco Systems, Inc.', '33.71'),('CVX', 'Chevron Corporation', '106.09')] 为公司股票市值，其中包括公司简称、公司名称和股票市值，编写程序输出公司简称及股票市值。

4. 编写一个求解 s1（$s1 = 1 + \dfrac{1}{2} + \dfrac{1}{3} + \dfrac{1}{4} + \cdots + \dfrac{1}{m}$）的值的程序，要求使用 input() 函数输入 m 的值，输出 s1 的值。

实验 3.4 字典、集合操作

实验目的

- 掌握字典创建、元素的增加、删除、访问的方法。
- 掌握字典遍历方法。
- 掌握集合创建，以及元素的增加、删除方法。
- 掌握集合的并、交、差运算以及子集、真子集判断。

实验内容

1. 字典创建

```
>>> Dict1={'name': '张三', 'age': 18}
>>> Dict2={}
>>> Dict2                                           #结果为_____
>>> Dict2={'name': '王','sex': 'male','age': 19, 'score': [98, 97]}
                                                    #值为列表
>>> Dict2={1: '王', 2:'male',3:19, 4: [98, 97]}     #键为整数
>>> len(Dict2)                                      #结果为_____
>>> Dict3=dict()
>>> Dict3                                           #结果为_____
>>> type(Dict3)
>>> Dict4=dict(name='李四', age=39)                 #以关键参数的形式创建字典
>>> Dict4                                           #结果为_____
>>> Dict5=dict([('赵',680),('钱',540),('孙',690),('李',480)])
>>> Dict5                                           #结果为_____
>>> Dict6=dict((('赵',680),('钱',540),('孙',690),('李',480)))
>>> Dict6                                           #结果为_____
>>> Dict7=dict(赵 = 680, 钱 = 540, 孙 = 690, 李 = 480)
>>> Dict7                                           #结果为_____
>>> keys=['a', 'b', 'c', 'd']
```

```
>>> values=[1, 2, 3, 4]
>>> Dict8=dict(zip(keys, values))
>>> Dict8                                          # 结果为 _____
>>> Dict9={}.fromkeys(['赵', '钱', '孙', '李'], 500)
>>> Dict9                                          # 结果为 _____
```

> 💡 **说明**：
> 　　字典中的"键"不允许重复,"值"是可以重复的,而且"值"可以是列表、元组等序列。
> 　　使用内置函数 dict() 创建字典,可以创建空字典,也可以将序列类型数据对象转换为字典。只要存在元素与元素之间对应关系,就可以通过 dict() 函数生成字典。
> 　　fromkeys(Seq,Value) 方法可以创建一个所有的键值都相等的字典,参数 seq 是一个可迭代对象,所有的键值为 value,当 value 省略时,则键值为 None。

2. 字典元素的访问

```
>>> Dict1={'赵': 680, '钱': 540, '孙': 690, '李': 480}
>>> Dict1['钱']                                    # 结果为 _____
>>> Dict1['王']                                    # 结果为 _____
>>> Dict1.get('钱')                                # 结果为 _____
>>> Dict1.get('王')          # 指定的"键"不存在时,又没有指定默认值,不输出
>>> Dict1.get('王', 'null')                        # 结果为 _____
```

> 💡 **说明**：
> 　　字典中的每个元素表示一种映射关系或对应关系,根据提供的"键"作为下标就可以访问对应的"值",如果字典中不存在这个"键"会出错。
> 　　字典的 get() 方法也可用来返回指定键对应的值,指定的键不存在时,不出错,并且允许指定该键不存在时返回特定的缺省值。
> 　　可以看出,在访问字典元素时,若不能确定字典中存在对应的键,使用 get() 方法比通过键作为下标访问值更具有健壮性。

```
>>> Dict1={'赵': 680, '钱': 540, '孙': 690, '李': 480}
>>> Dict1.keys()                                   # 结果为 _____
>>> type(Dict1.keys())                             # 结果为 _____
>>> Dict1.values()                                 # 结果为 _____
>>> type(Dict1.values())                           # 结果为 _____
>>> Dict1.items()                                  # 结果为 _____
>>> type(Dict1.items())                            # 结果为 _____
>>> for x in Dict1.keys():
        print(x)                                   # 观察结果
赵
钱
孙
李
>>> for x in Dict1.values():
        print(x)                                   # 观察结果
```

```
680
540
690
480
>>> for x in Dict1.items():
        print(x)                              # 观察结果
('赵', 680)
('钱', 540)
('孙', 690)
('李', 480)
>>> for k,v in Dict1.items():
        print(k,v)                            # 结果为_____
```

> **说明：**
> 使用字典对象的 keys() 方法可以返回字典的键，values() 方法可以返回字典的值，items() 方法可以返回字典的键值对。均可以使用 for 循环遍历其元素。

3. 字典元素的添加与修改

```
>>> Dict1={'赵': 680, '钱': 540, '孙': 690, '李': 480}
>>> Dict1['赵']=700
>>> Dict1['王']=650
>>> Dict1                                     # 结果为_____
>>> Dict1={'赵': 680, '钱': 540, '孙': 690, '李': 480}
>>> Dict2={'王': 650, '孙': 700}
>>> Dict1.update(Dict2)
>>> Dict1                                     # 结果为_____
```

> **说明：**
> 字典可以通过键对值进行修改以及为字典增加新的键值对。当以指定"键"为下标为字典元素赋值时，若该"键"存在，则表示修改该"键"对应的值；若不存在，则表示添加一个新的"键:值"对，也就是添加一个新元素。
> 使用字典对象的 update() 方法可以将另一个字典的"键:值"一次性全部添加到当前字典中，如果两个字典中存在相同的"键"，则以另一个字典中的"值"为准对当前字典进行更新。

```
>>> Dict1={'赵': 680, '钱': 540, '孙': 690, '李': 480}
>>> Dict1.setdefault('钱')                   # 结果为_____
>>> Dict1.setdefault('王')
>>> Dict1                                     # 结果为_____
>>> Dict1.setdefault('张',700)
>>> Dict1
{'赵': 680, '钱': 540, '孙': 690, '李': 480, '王': None, '张': 700}
>>> Dict1.setdefault('赵',700)               # 键存在，返回键的值，不会修改键的值
680
>>> Dict1                                     # 结果为_____
```

> **说明：**
> 使用字典对象的 setdefault() 方法，也可实现字典值的修改和字典元素的添加。如果键存在，它与 get() 类似，返回对应的值；如果键不存在，则增加键值对，值为 None 或为设置的缺省值。

```
>>> Dict1={'赵': 680, '钱': 540, '孙': 690, '李': 480}
>>> del Dict1['孙']
>>> Dict1                                    # 结果为 _____
>>> del Dict1['张']                           # 结果为 _____
>>> Dict1.clear()                            # 删除字典所有元素
>>> Dict1                                    # 结果为 _____
>>> Dict1={'赵': 680, '钱': 540, '孙': 690, '李': 480}
>>> Dict1.pop('钱')                          # 结果为 _____
>>> Dict1                                    # 结果为 _____
>>> Dict1.pop('王')                          # 弹出的键不存在，报出错
>>> Dict1.pop('王', 'None')                  # 弹出的键不存在，增加缺省值避免出错
'None'
```

> **说明：**
> 如果需要删除字典中指定的元素，可以使用 del 命令。如果字典中不存在要删除的"键"则会出错。可以使用 clear() 方法删除字典中所有元素。
> 使用字典对象的 pop() 方法也可以删除指定键的元素，并弹出相应的值。如果字典中不存在要删除的"键"会出错，但可以增加缺省值选项，避免出错。
> 在删除字典元素时，若不能确定字典中存在对应的键，使用带缺省值的 pop() 方法可以增加程序的健壮性。

4. 集合的创建

```
>>> Set1={1,2,3,4,5}
>>> type(Set1)                               # 结果为 _____
>>> len(Set1)                                # 结果为 _____
>>> Set2=set()                               # 生成空集合
>>> Set2                                     # 结果为 _____
>>> Set3=set('Hello!')
>>> Set3                                     # 结果为 _____
>>> Set4=set([1,2,2.5,3,4,5,3])              # 转换时自动去掉重复元素
>>> Set4                                     # 结果为 _____
>>> Set5=set(range(1,11))
>>> Set5                                     # 结果为 _____
>>> Lst1=[(1,2),(3,4)]
>>> Set6=set(Lst1)
>>> Set6                                     # 结果为 _____
>>> Lst2=[[1,2],[3,4]]
>>> Set7=set(Lst2)                           # 出错，为什么 _____
```

> 说明：
> 使用 set() 函数将列表、元组、字符串、range 对象等可迭代对象转换成集合。如果原来的数据中存在重复元素，则在转换时删除重复元素只保留一个；如果原来的数据有不可散列的值，则无法转换成集合，并出错。

5. 集合操作

```
>>> s1={'a','b', 'c'}
>>> s1.add('d')
>>> s1                          # 结果为 _____
>>> s1.add('b')
>>> s1                          # 结果为 _____
>>> s1.update({'b', 'e'})
>>> s1                          # 结果为 _____
```

> 说明：
> 使用集合的 add() 方法可以增加新元素，如果该元素已存在则忽略该操作，不会出错。update() 方法用于合并另外一个集合中的元素到当前集合中，并自动去除重复元素。

```
>>> s1={'a','b', 'c', 'd', 'e'}
>>> s1.discard('c')
>>> s1                          # 结果为 _____
>>> s1.remove('b')
>>> s1                          # 结果为 _____
>>> s1.pop()
>>> s1                          # 结果为 _____
>>> s1.clear()
>>> s1                          # 结果为 _____
```

> 说明：
> remove() 方法用于删除集合中的指定元素，如果指定元素不存在则出错；discard() 也是用于从集合中删除一个特定元素，但如果元素不在集合中则忽略该操作；pop() 方法用于随机删除并返回集合中的一个元素，如果集合为空则出错；clear() 方法清空集合，删除所有元素。

```
>>> s1={1, 2, 3, 4, 5}
>>> s2={4, 5, 6, 7, 8, 9}
>>> s1|s2                       # 并集,结果为 _____
>>> s1&s2                       # 交集,结果为 _____
>>> s1-s2                       # 差集,结果为 _____
>>> s1^s2                       # 对称差集,结果为 _____
>>> s1.union(s2)                # 并集,结果为 _____
>>> s1
>>> s1.intersection(s2)         # 交集,结果为 _____
>>> s1.difference(s2)           # 差集,结果为 _____
```

```
>>> s1.symmetric_difference(s2)      #对称差集，结果为_____
>>> x={1, 2, 3}
>>> y={1, 2, 5}
>>> z={1, 2, 3, 4}
>>> x<y                              #比较集合大小/包含关系，结果为_____
>>> x<z                              #真子集，结果为_____
>>> y<z
>>> {1, 2, 3}<={1, 2, 3}             #子集，结果为_____
```

> **说明：**
> 集合运算包括交集、并集、差集等运算，可以使用运算符表达式进行，还可以使用集合的方法来实现。集合包括包含关系运算，还可以使用运算符表达式运算。

综合训练

1. 执行以下语句后，Dcountry 中的内容是_____。

```
>>> Dcountry={"中国":"北京","英国":"伦敦","美国":"华盛顿"}
>>> Dcountry["法国"] = "巴黎"
>>> Dcountry.pop("美国")
```

    A．{'中国':'北京','英国':'伦敦','美国':'华盛顿'}
    B．{'中国':'北京','英国':'伦敦','美国':'华盛顿','法国':'巴黎'}
    C．{'中国':'北京','英国':'伦敦','华盛顿','法国':'巴黎'}
    D．{'中国':'北京','英国':'伦敦','法国':'巴黎'}

2. 执行以下程序的结果，第一行是_____，第二行是_____。

```
aSet={'A', 'B', 'C'}
bSet={'B', 'C', 'D'}
cSet={'A', 'B', 'D'}
print('A' in aSet & bSet)
print(bSet - cSet)
```

3. 以下程序的执行结果是_____。

```
info={"name": "Liuxun",
      "address": {"city": "Nanjing","street": "Nanrui Road"}
     }
print(info['address']['street'])
```

4. 执行以下程序，输出结果分别是_____和_____。

```
>>> lst=[1, 3, 4, 3, 2, 1]
>>> s1=set(lst)
>>> len(s1)
>>> s2=set([2, 4, 3, 8])
>>> s1 | s2
```

实验思考题

1. 已知月名称列表，每月天数元组分别如下：

```
monthList=['Jan.','Feb.','Mar.','Apr.','May.','Jun.','Jul.','Aug.','Sept.',
'Oct.','Nov.','Dec.']
monthday=(31,28,31,30,31,30,31,31,30,31,30,31)
```

编写程序完成以下操作：

（1）生成月—天数字典 monthDict。

（2）显示字典 monthDict 的键序列。

（3）显示字典 monthDict 的值序列。

（4）显示字典 monthDict 的键值对序列。

（5）输入月份，显示对应的天数。

（6）修改字典键 'Feb.' 的值为 29。

2. 输入一个英文句子，文中包括英文逗号、感叹号、句号（每个单词之间都有一个空格）。按字符串大小依次输出单词，重复的单词只能出现一次。如输入"This is a chair, That is a desk."，输出为 ['a', 'chair', 'desk', 'is', 'that', 'this']。

第 4 章

程序控制基础

本章实验是为了学习结构化程序设计的三种基本结构:顺序结构、分支结构和循环结构。学习采用结构化程序设计方法进行程序的编写。

实验 4.1 分支结构

实验目的

- 掌握 Python 分支结构(单分支)。
- 掌握 Python 分支结构(双分支)。
- 掌握 Python 分支结构(多分支)。
- 掌握 Python 分支结构的嵌套。

实验内容

① 编写以下程序:

```
# 实验 4.1.1
num=float(input('Please enter a number : '))
if num >0:
    print('这是一个正数!')
if num <0:
    print('这是一个负数!')
if num==0:
    print('这是 0!')
```

程序运行时,输入 -3.8 的执行结果为 _____ ;
程序运行时,输入 +7 的执行结果为 _____ ;
程序运行时,输入 0 的执行结果为 _____ ;

> **拓展**:程序中包含几个 if 语句?可否减少 if 语句的个数来实现同样的程序功能?

② 编写以下程序：

```
# 实验 4.1.2
score=int(input('Please enter a score : '))
if score>=60:
    print('{0}是一个{1}的成绩！'.format(score,'及格'))
if score <60:
    print('{0}是一个{1}的成绩！'.format(score,'不及格'))
```

该程序代码的作用是什么？_____

程序运行时，输入 47 的执行结果为_____；

程序运行时，输入 99 的执行结果为_____；

> **拓展**：利用 else 语句，请将该程序改写成 if 的双分支语句，实现相同的功能。

③ 以下程序的作用是判断输入的数是否可以整除 3 和 5，请理解程序，并填写缺失的代码。

```
# 实验 4.1.3
num=int(input("请输入一个正整数："))
if _____
    print("你输入的数字可以整除 3 和 5")
elif num%3==0:
    print("你输入的数字可以整除 3,但不能整除 5")
_____
    print("你输入的数字可以整除 5,但不能整除 3")
_____
    print("你输入的数字既不能整除 3,也不能整除 5")
```

> **拓展**：将本程序改写为 if 的双分支结构，实现相同的功能。

④ 本程序的功能是实现猜数字的游戏。通过程序随机产生一个数字，然后进行猜测，给出相应的提示。请理解程序，并填写缺失的代码。

```
# 实验 4.1.4
from random import randint
x= _____        # 运用 randint() 函数，产生一个 100 以内的正整数
digit=int(input('Please input a number between 0~100: '))
if _____
    print('你真是个小机灵鬼！')
elif digit > x:
    print('你猜的太大了,真可惜！')
else:
    print('你猜的太小了,真可惜！')
```

> **拓展**：
> ① 修改该程序，实现当输入 –1 时，将显示产生的随机数答案。
> ② 什么样的程序结构可以反复进行猜数字游戏？

⑤ 本程序的功能是用来判断是否退休（退休条件为大于或等于 60 岁的男性或者大于或等于 55 岁的女性），请理解程序，并填写缺失的代码。

```
# 实验 4.1.5
sex =input('Please input sex: ')
age=int(input('Please input age: '))
if sex =='male' :
    # 请填写缺失代码




else:
    if age>=55:
        print(' 满足退休条件！')
    else:
        print(' 不满足退休条件！')
```

拓展：在理解实验 4.1.5 代码的基础上，编写不同分支结构，实现相同的程序功能（至少编写出两种不同的实现代码）。

综合训练

1. 以下程序的输出结果是 _____ 。

```
def Hello(name, age=60):
    if age>50:
        print("您好！ "+ name + " 大伯")
    elif age>30:
        print("您好！ "+ name + " 大哥")
    else:
        print("您好！小 " + name)
Hello(age=29, name=" 张 ")
```

A．您好！张大伯　　　　　　B．您好！张大哥
C．您好！小张　　　　　　　D．函数调用出错

说明：

def 是 Python 语言中函数定义的关键字，开发者可以按照自己的设计，定义函数。

在自定义函数 Hello() 中，利用 if 的多分支结构实现不同的输出。根据输入的参数 age=29, name=" 张 " 可知，执行 else 这条路径的显示语句，所以答案选 C。

2. 商店出售某品牌运动鞋，每双定价 160 元，1 双不打折，2 双（含）到 4 双（含）打 9 折，5 双到 9 双打 8 折，10 双以上打 7 折，键盘输入购买数量，屏幕输出总额（保留整数）。输入示例如下：

输入：1
输出：总金额 :160

待填写的程序如下：

```
n=eval(input("请输入数量："))
if n>0 and n<=1:
    cost=n*160
elif n<=4:
    cost=n*160*0.9
_____
    cost=n*160*0.8
else:
    cost=n*160*0.7
cost=_____(cost)
print("总额为:",cost)
```

分析：

根据题意，可以利用一个if的多分支结构实现多种打折情况的处理。填写的代码中缺少了打8折的处理情况（购买5到9双鞋），并且没有取整的功能，根据此可以填出缺失的代码部分。

实验思考题

1. 试编写程序，判断输入数的奇偶性。
2. 编写程序，输入矩形的长和宽，判断是否为正方形，并且输出该矩形的面积。
3. 试编写一个判断输入数是否是完全平方数的程序。（完全平方数是指1,4,9,16,25等这样的数。）
4. 将实验4.1.2改写为成绩等级转换程序，转换规则如表4.1所示。

表4.1 成绩等级转换规则

成　　绩	等　　级
90分到100分	A
80分到89分	B
70分到79分	C
60分到69分	D
小于60分	E

实验4.2 循环结构

实验目的

- 掌握while语句循环结构。
- 掌握for语句循环结构。
- 掌握嵌套循环。
- 掌握break和continue语句及else子句。
- 掌握特殊循环—列表解析。

预备知识

循环结构可以看成是一个条件判断语句和一个循环体语句的组合。循环结构中通常包含三个要素：循环变量、循环体和循环终止条件。根据循环变量是否满足循环终止条件，来决定循环体的执行与否。在 Python 中的循环结构实现主要通过 while 语句和 for 语句。

实验内容

① 本程序的功能是实现 π 值的计算。计算公式如下：

π/4=1-1/3+1/5-1/7…

当通项的绝对值小于或等于 10^{-8} 时停止计算。

实现代码如下，请理解代码并完成程序填空。程序运行时间较长，请耐心等待。

```
# 实验 4.2.1
_____
x, s=1, 0
sign=1
k=1
while math.fabs(x)>1e-8:
    s+=x
    k+=2
    _____
    x=sign/k
s*=4
print("pi={:.15f}".format(s))
```

② 斐波那契数列：0，1，1，2，3，5，8，13，21，34……的特点是第 n 项的值是第 $n-1$ 和 $n-2$ 项的和。请填写程序，完成数列的输出。

```
# 实验 4.2.2 斐波那契数列实现

# 获取用户输入数据
nterms=int(input("你需要几项？"))
# 第一和第二项
n1=0
n2=1
count=2
# 判断输入的值是否合法
if nterms<=0:
    print("请输入一个正整数。")
elif nterms==1:
    print("斐波那契数列：")
    print(n1)
else:
    print("斐波那契数列：")
    print(n1,",",n2,end=" , ")
    while_____
        nth=n1+n2
        print(nth,end=" , ")
        # 更新值
```

```
        n1=n2
        _____
        count+=1
```

程序运行后的结果如图 4.1 所示。

```
你需要几项？10
斐波那契数列：
0 , 1 , 1 , 2 , 3 , 5 , 8 , 13 , 21 , 34 ,
>>>
```

图 4.1　程序运行结果示意图

> **拓展**：输出结果的最后会多一个逗号的输出，修改程序，让最后一个逗号不输出。

③ 如果一个 n 位正整数等于其各位数字的 n 次方之和，则称该数为阿姆斯特朗数。 例如 $1^3 + 5^3 + 3^3 = 153$。编写程序，实现检测用户输入的数是否为阿姆斯特朗数。测试数据为 1, 2, 3, 4, 5, 6, 7, 8, 9, 153, 370, 371, 407。

④ 请手工执行以下三组 for 循环的程序，写出执行结果。

```
>>> for i in range(1,5):
            print(i*i)
```

执行结果为 _____ 。

```
>>> for i in range(3,11,2):
            print(i, end=' ')
```

执行结果为 _____ 。

```
>>> courses=['Maths', 'English', 'Python']
>>> scores=[88, 92, 95]
>>> for c, s in zip(courses, scores):
        print('{0} - {1:d}'.format(c, s))
```

执行结果为 _____ 。

⑤ 编程实现计算两个数的最大公约数。代码编写如下：

```
# 实验4.2.5返回两个数的最大公约数
# 用户输入两个数字
x=int(input("输入第一个数字："))
y=int(input("输入第二个数字："))
# 获取最小值
if x > y:
    smaller=y
else:
    smaller=x
for i in range(1,smaller+1):
    if((x % i==0) and (y % i==0)):
        hcf = i
print( x,"和", y,"的最大公约数为 ", hcf)
```

> **拓展**：实现上述代码，并模仿其思路，编写程序，完成两个数的最小公倍数求解。

⑥ 请手工执行以下两组循环程序，写出执行结果。

```
for i in range(1,21):
    if i % 3!=0:
        continue
    print(i, end=' ')
```

程序的执行结果为 _____。

拓展：修改上述程序，不使用 continue，达到相同效果。

```
for i in range(1,21):
    if i%3!=0:
        break
    print(i, end=' ')
```

程序的执行结果为 _____。

⑦ 编程实现检测用户输入的数是否为质数（质数是指除 1 和本身之外，再无其他因子的数）。代码编写如下，请完成程序，并执行。

```
#4.2.7程序用于检测用户输入的数字是否为质数
# 用户输入数字
num=int(input("请输入一个数字："))
# 质数大于 1
if num>1:
    # 查看因子
    for i in range(2,num):
        #请填写相关代码




    else:
        print(num,"是质数")
# 如果输入的数字小于或等于 1，不是质数
else:
    print(num,"不是质数")
```

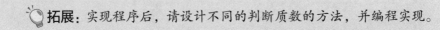

⑧ 列表解析是 Python 中的一种特殊的循环，请写出以下列表解析循环的结果。

```
>>> [x for x in range(10)]
```
结果为 _____。

```
>>> [x**2 for x in range(10)]
```
结果为 _____。

```
>>> [x**2 for x in range(10) if x**2>24]
```
结果为 _____。

```
>>> [(x+1,y+1) for x in range(3) for y in range(3)]
```
结果为 _____

```
>>> pdlList=['C++', 'Java', 'Python']
>>> creditList=[2, 3, 4]
>>> [(pdl, credit) for pdl in pdlList for credit in creditList]
```
结果为 _____

综合训练

1. 执行如下代码，程序运行后，屏幕上显示的结果中的第一行是_____，第二行是_____。

```
for i in range(3, 10, 3):
    if i%2: print(i)
```

2. 若输入"34567"，则程序的运行结果是_____。

```
s=input()
count=0
for char in s:
    if ord(char)%2:
        count+=1
print(count)
```

> **说明：**
> 字符'3'的 ASCII 值是 51，其他数字的 ASCII 值依次类推；在 Python 语言中，ord() 函数是用来返回对应字符的 ASCII 码。

3. 执行以下程序，若输入字符串"ya,rd"，则输出是_____。

```
plaincode=input("input a string: ")
for p in plaincode:
    if p.islower():
        print(chr(ord("a")+(ord(p)-ord("a")+3)%26), end='')
    else:
        print(p, end='')
```

> **说明：**
> 在 Python 语言中，chr() 函数是用来返回 ASCII 码对应的字符；islower() 方法是用来检测字符串是否由小写字母组成，如果字符串中包含至少一个区分大小写的字符，并且所有这些(区分大小写的)字符都是小写，则返回 True，否则返回 False。

4. 以下程序的执行结果是_____。

```
lst1="aeiou"
lst2=["tomato","cucumber","bean","carror","celery"]
d=dict()
```

```
    for item in lst2:
        for ch in lst1:
            if ch in item:
                d[ch]=d.get(ch,[])+[item]
print(len(d["o"]))
```

> 💡 **说明**:
>
> 程序中的 get() 是 Python 中字典（Dictionary）结构的函数，返回指定键的值；len() 方法则是返回列表元素个数。
>
> 本程序是一个双重循环嵌套程序，外重循环依次遍历 lst2 中的每一个元素，内重循环依次遍历 lst1 中的每一个字母。

5. 若输入字符串"Baobao"，则程序运行结果的第一行是_____，第二行是_____。

```
names=["Yunyun", "Sky", "Baobao", "Xiaoxiao", "Agui"]
numbers=[7321234, 111222, 321321, 66666, 123456]
data=dict(zip(names, numbers))
while True:
    name=input("Please input the name:")
    if data.get(name):
        print(data[name])
        break
    else:
        print("Enter the name again.")
for (name, number) in data.items():
    if(number<100000):
        print(name)
```

> 💡 **说明**:
>
> zip() 函数用于将可迭代的对象作为参数，将对象中对应的元素打包成一个个元组，然后返回由这些元组组成的对象，这样做的好处是节约了不少的内存。例如：a = [1,2,3]，b = [4,5,6] 则 zip(a,b) 后转换为列表 [(1, 4), (2, 5), (3, 6)]。

6. 完善程序。请完善以下程序，采用递推法计算 e^x 的级数展开式近似值，允许误差在 eps 范围内。公式如图 4.2 所示。

$$e^x \cong 1+x+\frac{x^2}{2!}+\frac{x^3}{3!}+\cdots+\frac{x^n}{n!}$$

图 4.2　e^x 的级数展开式公式

测试数据与运行结果如下：

输入：
2
输出：
sum=7.39

【待完善的源程序】

```
x=eval(input())
term, n=1, 2
s=_____
eps=1e-6
while abs(term)>eps:
    term*= _____
    s+=term
    n+=1
print("sum = {:.2f}".format(s))
```

分析：

本程序实现的是一个累加算法。算法的核心 s=s+a，其中，s 是累加的和，a 是存在变化规律的加数。本程序中的 e^x 就是累加和 s，而程序中的 term 变量其实就是加数 a。

7. 完善程序。本程序功能是输出 1～100 中剔除了包含 7、7 的倍数的所有数字，并且一行输出 10 个数字，数字之间用","分隔。

输出结果如下：

```
1,2,3,4,5,6,8,9,10,11
12,13,15,16,18,19,20,22,23,24
25,26,29,30,31,32,33,34,36,38
39,40,41,43,44,45,46,48,50,51
52,53,54,55,58,59,60,61,62,64
65,66,68,69,80,81,82,83,85,86
88,89,90,92,93,94,95,96,99,100。
```

【待完善的源程序】

```
_____
ln=''
for i in range(0, 101):
    s•=str(i)
    if i%7!=0 and s._____('7')==-1:
        ln=ln + s + ','
        n+=1
        if n % 10==0:
            print(ln[:-1])
            ln=''
```

> **分析：**
> 根据程序实现的功能可知，需要循环验证1～100间的每一个备选项是否是7的倍数（可用取余为0来判断）或者包含7（可在备选数中查找7）。

8. 编程。

【程序功能】

统计给定的程序设计语言名称字符串中各语种字符串出现的次数，要求在屏幕上输出语种及各语种出现的次数。

【测试数据与运行结果】

测试数据：

```
str1="Python C++ Java VB Java Foxpro Python Java"
```

屏幕输出（顺序可不一致）：

```
C++ 1
VB 1
Java 3
Python 2
Foxpro 1
```

> **分析：**
> 可以利用字符串的split()方法将字符串进行分隔。

9. 编程。

【程序功能】

已知一个电话号码散落在一串字符串中，请从中找出所有的数字字符（数字之间的顺序不变）拼接成电话号码并输出。

【测试数据与运行结果】

```
input a string: xc86b789deb5ffff4t3r
the phone number is: 86789543
```

> **分析：**
> 可以循环判断字符串中的每个字符是否是数字（可采用 '0'<=ch<='9' 的形式进行判断），并将数字字符重新连接成一个新字符串输出。

10. 编程。

【程序功能】

将输入的数组中所有满足"（千位上的数－百位上的数＋十位上的数）×个位上的数＝4"条件的数输出。例如，7612，(7－6＋1)×2＝4，则该数满足条件。

【测试数据与运行结果】

测试数据：

[1031,4587,8712,8684,5671,6541,6212,5404,4512,4581]

屏幕输出：

1031,8712,5404

分析：

可以循环判断数组中的每个元素（可以利用整除和取余的方式获得数值的每一个数字）。

实验思考题

1. 分别用 while 语句和 for 语句，实现阶乘功能的程序。
输出结果样式：

```
输入一个正整数：5
5 的阶乘是 120
```

2. 利用 break 语句，修改实验 4.2.5 的最大公约数和最小公倍数程序，达到找到结果后就跳出循环执行的效果。

3. 利用循环嵌套，编程实现查找指定范围内质数的功能。
输出结果样式如图 4.3 所示。

```
输入区间最小值：100
输入区间最大值：200
101 103 107 109 113
127 131 137 139 149
151 157 163 167 173
179 181 191 193 197
199
```

图 4.3　程序运行结果示意图

4. 以下程序功能是实现九九乘法表的打印，请执行该程序，观察执行结果。

```
# 实验 4.14 九九乘法表
for i in range(1,10):
    for j in range(1,10):
        print('{}x{}={}\t'.format(i,j,i*j), end='')
    print()
```

修改程序代码，已达到如图 4.4 所示的运行效果。

```
1x1=1
1x2=2   2x2=4
1x3=3   2x3=6   3x3=9
1x4=4   2x4=8   3x4=12  4x4=16
1x5=5   2x5=10  3x5=15  4x5=20  5x5=25
1x6=6   2x6=12  3x6=18  4x6=24  5x6=30  6x6=36
1x7=7   2x7=14  3x7=21  4x7=28  5x7=35  6x7=42  7x7=49
1x8=8   2x8=16  3x8=24  4x8=32  5x8=40  6x8=48  7x8=56  8x8=64
1x9=9   2x9=18  3x9=27  4x9=36  5x9=45  6x9=54  7x9=63  8x9=72  9x9=81
```

图 4.4　程序运行结果示意图

5. 编写猜数字游戏：随机产生一个0~100间的整数，玩家竞猜，系统给出"猜中"、"太大了"或"太小了"的提示。

模式1：用户输入猜测次数，次数用完仍未猜出则结束游戏。执行效果如图4.5所示。

```
请输入猜测的次数：10
Please input a number between 0~100: 50
太大了，请重猜．
Please input a number between 0~100: 25
太大了，请重猜．
Please input a number between 0~100: 12
太小了，请重猜．
Please input a number between 0~100: 18
太小了，请重猜．
Please input a number between 0~100: 22
你居然猜中了！
```

图4.5 程序运行结果示意图

模式2：不限猜测次数，直到猜中结束或输入特殊结束符号结束。执行效果如图4.6所示，设置-1为结束标记。

```
Please input a number between 0~100,Enter - 1 to leave: 1
太小了，请重猜．
Please input a number between 0~100,Enter - 1 to leave: 2
太小了，请重猜．
Please input a number between 0~100,Enter - 1 to leave: 3
太小了，请重猜．
Please input a number between 0~100,Enter - 1 to leave: 4
太小了，请重猜．
Please input a number between 0~100,Enter - 1 to leave: 5
太小了，请重猜．
Please input a number between 0~100,Enter - 1 to leave: 6
太小了，请重猜．
Please input a number between 0~100,Enter - 1 to leave: 7
太小了，请重猜．
Please input a number between 0~100,Enter - 1 to leave: -1
想不到你居然放弃了．
```

图4.6 程序运行结果示意图

6. 下列程序执行功能为：输入一行字符，分别统计出其中英文字母、空格、数字和其它字符的个数。请将该程序结构改写为while语句实现的循环结构。

```python
s=input('请输入一个字符串：\n')
letters=0
space=0
digit=0
others=0
for c in s:
    if c.isalpha():
        letters+=1
    elif c.isspace():
        space+=1
    elif c.isdigit():
        digit+=1
    else:
        others+=1
print ('char=%d,space=%d,digit=%d,others=%d'%(letters,space,digit,others))
```

第 5 章 函 数

从这章开始,我们将在程序设计中将一些常用的功能模块编写成函数,利用函数,以减少重复编写程序段的工作量。

Python 中的函数包括内置函数、标准库函数、第三方库和用户自定义函数。在前面的章节学习中,我们已经使用了很多 Python 提供的内置函数,比如 input() 和 print() 等函数;标准库函数则是需要先导入模块再使用函数,比如 random 模块中的 randint() 函数;第三方库也非常多,这是 Python 语言的关键优势,比如用于科学计算的 SciPy 包,用于数据可视化的 Matplotlib 包,这些将在后面的章节做详细的介绍。这章我们将重点学习如何创建和调用我们自己编写的函数,也就是用户自定义函数。

实验 5.1 函数的定义与调用

实验目的

- 掌握函数的定义。
- 掌握函数的调用。
- 掌握参数的概念。
- 掌握函数设计基本方法。

预备知识

自定义函数需要开发者按照定义要求自己定义函数,先定义后使用。
函数定义的语法:

```
def 函数名(参数列表):
    函数体
    return [表达式]
```

> 说明:
> 函数定义包括关键字 def、函数名、参数和函数体
> Def:函数定义的关键字,表示函数的开始。

函数名：函数的名称，通常能够展现函数的功能，有一定的含义为好。

参数：任何传入参数必须放在圆括号中间，圆括号之间可以用于定义参数。参数间用逗号分隔,定义的参数称为形参(形式上的参数)，调用时的参数称为实参(实际的参数)。默认情况下，参数值和参数名称是按函数声明中定义的顺序匹配起来的。

函数内容以冒号开始，并且缩进。

"return [表达式]" 为结束函数，选择性地返回一个值给调用方。不带表达式的 return 相当于返回 None。

实验内容

① 程序运行时，输出的执行结果为 _____。

```
# 实验 5.1.1
def max(a,b):
    if a>b:
        return a
    else:
        return b
a=4
b=5
print(max(a,b))
```

拓展：模仿程序，定义设计 min() 自定义函数，可以输出两数中的较小值。

② 设计一个重量转换器函数,输入以克（g）为单位的数字后返回换算成千克（kg）的结果。完善下面的程序。

```
# 实验 5.1.2
def change(g):
    kg=g/1000
    _____

g=float(input('请输入一个克数:'))
_____
print('你输入的克数是%.2fkg'%(num))
```

③ 设计一个复利的计算函数 invest()，它包含三个参数:amount(资金)、rate(利率)，time(投资时间，以年单位)，输入每个参数后调用函数，返回每一年的资金总额。完善下面的程序。

```
# 实验 5.1.3
def invest(amount,rate,time):
    for t in range(0,time+1):
        _____
        print('第%d年的资金总额是:%.2f'%(t,money))

a=int(input("请输入资金: "))
```

```
r=float(input("请输入利率："))
t=int(input("请输入投资时间："))
```

💡 **拓展 1**：修改 invest() 函数，实现当资金翻倍时给出显示。执行结果如图 5.1 所示。

```
==================== RESTART: F:/python/实验/第五章实验题代码/5.3思考.py ==================
请输入资金: 1000
请输入利率: 0.05
请输入投资时间: 16
第0年的资金总额是:1000.00
第1年的资金总额是:1050.00
第2年的资金总额是:1102.50
第3年的资金总额是:1157.63
第4年的资金总额是:1215.51
第5年的资金总额是:1276.28
第6年的资金总额是:1340.10
第7年的资金总额是:1407.10
第8年的资金总额是:1477.46
第9年的资金总额是:1551.33
第10年的资金总额是:1628.89
第11年的资金总额是:1710.34
第12年的资金总额是:1795.86
第13年的资金总额是:1885.65
第14年的资金总额是:1979.93
第15年的资金总额是:2078.93,资金已翻倍！
第16年的资金总额是:2182.87,资金已翻倍！
>>>
```

图 5.1　程序运行结果示意图

💡 **拓展 2**：设计一个新的 invest() 函数，它包含三个参数：原始资金、目标资金、投资时间（以年单位）。输入每个参数后调用函数，返回达到目标资金所需的年化利率。执行结果如图 5.2 所示：

```
==================== RESTART: F:/python/实验/第五章实验题代码/5.3思考2.py ==================
请输入原始资金: 1000
请输入目标资金: 5000
请输入投资时间: 10
若10年达到目标收益,利率须大于17.46%
>>>
```

图 5.2　程序运行结果示意图

④ 编写函数，实现将一个英文语句以单词为单位逆序排放。例如"I am a boy"，逆序排放后为"boy a am I"。所有单词之间用一个空格隔开，语句中除了英文字母外，不再包含其他字符。例如：

```
输入：
I am a boy
输出：
boy a am I
```

⑤ Collatz 猜想也称 $3n+1$ 猜想，是指对任何正整数做如下变换：如果是偶数，则让它减半；如果是奇数，则让它变成三倍加一 。对任何一个正整数 n，按照这个法则一直变换下去，总会变到 1。请编写 Collatz() 函数，验证其猜想。执行结果如图 5.3 所示。

```
====================== RESTART: F:/python/实验/第五章实验题代码/5.5.py ==========
请输入一个数: 7
[22, 11, 34, 17, 52, 26, 13, 40, 20, 10, 5, 16, 8, 4, 2, 1]
>>>
```

图 5.3 程序运行结果示意图

综合训练

1. Python 语言定义函数的过程中以下（   ）可以没有。
   A．return 语句　　　　　　　　　B．def 关键字
   C．函数名后的一对圆括号　　　　D．函数名

> **说明：**
> 根据 Python 语法中关于函数定义的描述，return 语句是 Python 函数返回的结果，可以是数值、字符串、列表、表达式、函数等。
>
> return 语句将 Python 函数的结果返回到调用的地方，并把程序的控制权一起返回，即在函数中，执行到 return 语句时，会退出程序。
>
> Python 函数中，没有 return 语句时，默认返回一个 None 对象；多个 return 语句时，运行到第一个 return 语句即返回，不再执行其他代码。综上，本题的 A 选项是正确答案。

2. 对于如下的函数定义，执行 f("12321") 和 f("12345") 的结果分别是 _____ 和 _____。

```
def f(s):
    if(s==s[::-1]):
        print("Nice")
    else:
        print("Not very good")
```

> **分析：**
> 理解本程序作用的关键在于 s==s[::-1] 的判定，其中切片操作 s[::-1] 的作用是将 s 逆序。

3. 完善程序。
【程序功能】
请完善函数 proc()，该函数的功能是求列表 arr 的平均值，并对所得结果进行四舍五入（保留两位小数）。例如，当 arr = [6.6, 9.9, 9.7, 55.2, 7.3, 9.5, 12.8, 7.9, 16.0, 16.8] 时，结果为：average=15.17。
【待完善的源程序】

```
def proc(arr):
    avg=0
```

```
    s=0
    for i in arr:
_____
    avg=s / 10
  avg=avg * 100
    t=int(_____)
    avg=t / 100
return avg

if __name__=="__main__":
  arr = [6.6, 9.9, 9.7, 55.2, 7.3, 9.5, 12.8, 7.9, 16.0, 16.8]
  print("average=", proc(arr))
```

> **分析**：
> 四舍五入时保留两位小数的功能可以通过先将数值放大 100 倍后加上 0.5 再取整后缩小 100 倍来实现。

实验 5.2 函数的参数

实验目的

- 掌握不可变参数和可变参数的概念。
- 掌握参数类型。
- 掌握参数设计基本方法。

预备知识

在 Python 中，有的类型对象是可以更改的，而有的类型对象是不能更改的，比如字符串、元组、数值等是不可更改的对象，而列表、字典等则是可以修改的对象。

在 Python 的函数参数传递中，如果传递的参数是不可更改类型，传递的只是值，没有对象本身。比如在 fun(a) 内部修改 a 的值，只是修改另一个复制的对象，不会影响 a 本身。如果传递的参数是可更改类型，传递的则是对象本身。比如 fun(la)，则是将 la 真正地传过去，修改后 fun 外部的 la 也会受影响。

传递参数类型会有多种方式。我们前面举例说明的函数传递参数，参数是根据位置来决定，实参按照正确的顺序传入函数，调用时的数量必须和声明时的一样，如果传递数量不对，将会出现语法错误，这种传递的参数类型为必需参数类型。除此之外，还包括关键字参数、默认参数、不定长参数多种形式。

实验内容

① 编写下列程序，执行体会其结果。

```
# 实验 5.2.1 不可变对象传递
def change(a):
```

```
        a=10                    # 一个新对象
        print("函数内 a 的值为 ",a)
        print("函数内 a 的地址为 ",id(a))

a=1
print("函数外 a 的值为 ",a)
print("函数外 a 的地址为 ",id(a))
change(a)
print("函数外 a 的值为 ",a)
print("函数外 a 的地址为 ",id(a))
```

💡**拓展**：将程序改写为以下代码，执行体会其结果。

```
#可变对象传递
def change(a):
a.append(10)
        print("函数内 a 的值为 ",a)
        print("函数内 a 的地址为 ",id(a))

a=[1]
print("函数外 a 的值为 ",a)
print("函数外 a 的地址为 ",id(a))
change(a)
print("函数外 a 的值为 ",a)
print("函数外 a 的地址为 ",id(a))
```

② 写出下列函数参数传递调用后的结果。

```
def test(x,y=5,*a,**b):
    print(x,y,a,b)

test(1)                       _____
test(1,2)                     _____
test(1,2,3)                   _____
test(1,2,3,4)                 _____
test(x=1,y=2)                 _____
test(y=1,x=2)                 _____
test(1,2,3,4,a=1,b=2)         _____
```

③ 编写函数，计算给定一组数值 a, b, c…（不限个数，超过 3 个）的平方和。

综合训练

1. 有如下的函数定义：

```
def concat(*args, sep="/"):
    return sep.join(args)
```

执行函数调用 concat("earth", "mars", "venus", sep = ".") 的返回值是_____。

💡**说明**：

函数中的第一个参数 *args 为可变长参数，在参数名前要有一个 "*"，它是可变长参数的标记。可变长参数本质上是一个元组，将传进来的多个数据收集起来。

2. func(A) 的定义如下，执行函数调用语句 func([[1,2,3],[4,5,6],[7,8,9]]) 的结果是_____。

```
def func(A):
    sum=0
    for i in range(3):
        sum=sum+A[i][2]
    return sum
```

3. 执行如下代码，则程序运行结果的第一行是_____，第二行是_____。

```
def fun(m, n):
    while n:
        m, n=n, m % n
    return m

arr=[24, 18, 120, 54, 36, 35, 72, 33]
print(arr[-2])
hcf=fun(arr[0],arr[2])
for i in range(len(arr)):
    if i>2 and i % 2==0:
        hcf=fun(hcf, arr[i])
print(hcf)
```

💡 说明：

函数 fun() 中的语句"m, n = n, m % n"是首先将本次的除数 n 赋值给下一次的被除数 m；然后将本次的余数 m % n 赋值给下一次的除数 n，是经典的最大公约数算法。

4. 完善程序。

【程序功能】

定义函数 count_char() 统计字符串中 26 个字母出现的次数（不区分大小写）。例如字符串 "Hope is a good thing." 的统计结果为：

[1, 0, 0, 1, 1, 0, 2, 2, 2, 0, 0, 0, 0, 1, 3, 1, 0, 0, 1, 1, 0, 0, 0, 0, 0, 0]

统计结果中的第一个 1 表示字符 A 或 a 在字符串中共出现了 1 次，字符 B 或 b 共出现了 0 次……

【待完善的源程序】

```
def count_char(str1):
    list1=[0]*26
    for i in_____(0,len(str1)):
        if (str1[i]>='a'_____str1[i] <='z'):
            list1[ord(str1[i])- ord('a') ]+=1
    return list1

if __name__ == "__main__":
    str1="Hope is a good thing."
    str1=str1.lower()
    result=count_char(str1)
    print(result)
```

> 说明：
> 要统计字符串中 26 个字母出现的次数，可以设计一个有 26 个元素的列表分别统计每个字母出现的次数。

5. 完善程序。

【程序功能】

本程序的功能是交换字典的 key 值与 value 值，返回新的字典，并按照降序打印出新字典的内容（所给的原始字典中的 value 值不重复）。

例如对于字典：dic = {'Wangbing':1001, 'Maling':1003, 'Xulei':1004}

处理后的输出结果为：

```
1004 Xulei
1003 Maling
1001 Wangbing
```

【待完善的源程序】

```
def reverse_dict(dic):
    out={}
    for_____in dic.items():
        out[v]=k
    keys=sorted (out.keys(),_____=True)
    for k in keys:
        print(k, out[k])
    return out

dic={'Wangbing':1001, 'Maling':1003, 'Xulei':1004}
reverse_dict(dic)
```

> 说明：
> Python 语言中可以利用列表的方法 list.sort() 来进行排序，也可以利用 sorted() 函数进行排序。
>
> （1）list.sort() 方法：
>
> list.sort(*, key=None, reverse=False) 此方法会对列表进行原地排序，默认排序为升序。（注意，只有 list 有 sort() 方法）。
>
> key 指定带有一个参数的函数，用于从每个列表元素中提取比较键（例如 key=str.lower)，默认值 None 表示直接对列表项排序。
>
> reverse：布尔值的 reverse 参数。这用于标记降序排序，reverse 为 True 表示按照降序排列，默认为 False。
>
> （2）sorted() 函数：
>
> sorted(iterable, *, key=None, reverse=False) 根据 iterable 中的项返回一个新的已排序列

表。sorted() 函数可以接受任何可迭代对象，sorted() 返回排好序的新列表。

key, reverse 参数与 list.sort() 函数的参数含义是相同的。与 sort() 方法不同的是，sorted() 函数会返回一个新的已排序的列表，而 sort() 函数会直接修改原列表（并返回 None 以避免混淆），另外，list.sort() 函数只是为列表定义的，而 sorted() 函数可以接受任何可迭代对象。

实验 5.3 变量作用域

实验目的

- 掌握作用域的概念。
- 掌握不同作用域的区别。
- 掌握全局变量的定义方法。

预备知识

在程序设计语言中，每个变量都有自己的作用域，在作用域内，变量才能被合法的使用，超出了作用域的变量使用是非法的。

在 Python 中的作用域一共有 4 种，分别是：

- L（Local）：最内层，包含局部变量，比如一个函数/方法内部。
- E（Enclosing）：包含了非局部（non-local）也非全局（non-global）的变量。比如两个嵌套函数，一个函数 A 里面又包含了一个函数 B，那么对于 B 中的名称来说 A 中的作用域就为 nonlocal。
- G（Global）：当前脚本的最外层，比如当前模块的全局变量。
- B（Built-in）：包含了 Python 内置的变量/关键字，比如函数名 abs、char 和异常名称 BaseException、Exception 等。

变量作用域访问的顺序：L → E → G → B。

实验内容

① 运行下列程序代码，体会程序错误。

```
#实验5.3.1 变量作用域
a=10
def test():
    a=a+1
    print(a)
test()
```

> 拓展：修改程序，使得在函数内部可以使用全局变量 a。

② 写出下列程序代码执行结果。

```
# 实验5.3.2 变量作用域
total=0                                    # 这是一个全局变量
def sum(arg1, arg2):
    total=arg1 + arg2                      # total在这里是局部变量
    print ("函数内是局部变量: ", total)
    return total

# 调用sum()函数
sum(10,20)
print("函数外是全局变量 : ", total)
```

程序运行结果为_____。

实验 5.4 递归函数

实验目的

- 掌握递归函数的含义。
- 掌握设计递归函数的方法。
- 理解递归与非递归函数的区别。

预备知识

在程序设计中，一种计算过程，如果其中每一步都要用到前一步或前几步的结果，就称为递归的。用递归过程定义的函数，称为递归函数，例如连加、连乘及阶乘等。

采用递归调用的设计方案，算法实现更加简单易懂，但在递归函数执行过程中，需要反复地调用自身，并且每次调用时都需函数的局部变量和形参分配存储空间，所以递归程序的时间复杂性和空间复杂性较高。

递归函数的设计，通常需要满足两个要求：
① 递归调用自身时应该是朝着问题规模越来越小的方向前进。
② 递归调用，应该有不再需要调用自身就可以结束的边界条件，比如阶乘中的1的阶乘，不用再调用自己，结果就是1。

实验内容

① 输入45,36两数后，写出下列递归程序代码执行结果。

```
# 实验5.4.1 递归函数
def gys(a, b):
    tmp=max(a, b)%min(a, b)
    if tmp==0:
        return min(a, b)
    else:
        return gys(min(a,b),tmp)
num1=int(input("输入数字一: "))
```

```
num2=int(input("输入数字二:"))
c=gys(num1,num2)
print(c)
```

程序执行结果为_____。

> 💡 **拓展**：多尝试几组数据后，试着总结该递归程序的功能是什么。

② 请将下列回文数判定算法改写为非递归函数实现和递归函数实现。

```
# 实验5.4.2回文数算法
a=int(input("请输入一个数字:\n"))
x=str(a)
flag=True
for i in range(len(x)//2):
    if x[i]!=x[-i - 1]:
        flag=False
        break
if flag:
    print("%d 是一个回文数!"%a)
else:
    print("%d 不是一个回文数!"%a)
```

📖 综合训练

1. 有如下函数定义，执行函数调用 func(5) 的返回值是_____。

```
def func(n):
    if n<=1:
        return n
    else:
        return func(n-1)+func(n-2)
```

> 💡 **分析**：
>
> 函数 func(n) 中包含调用 func(n−1) 和 func(n−2) 的调用语句，所以可以看出 func() 是一个递归函数。根据调用语句 func(5) 可知，需调用 func(4)（接着调用 func(3) 和 func(2)）和 func(3)（接着调用 func(2) 和 func(1)），直到当 n <= 1，则返回 n。

2. 以下程序的执行结果是_____。

```
def climbStairs(n):
    first3={1:'a',2:'b',3:'c'}
    if n in first3.keys():
        return first3[n]
    else:
        return climbStairs(n-1)+climbStairs(n-2)+climbStairs(n-3)
print(climbStairs(5))
```

3. 若输入 25 和 2，则程序的运行结果是_____。

```
def foo(num, base):
    if(num>=base):
        foo(num//base, base)
    print(num%base, end=' ')

numA=int(input("Enter the first number: "))
numB=int(input("Enter the second number: "))
foo(numA, numB)
```

实验 5.5 匿名函数

实验目的

- 理解匿名函数的含义。
- 掌握设计匿名函数的方法。

预备知识

函数设计中，会遇到一些简单的函数调用，这个时候，选择自定义一个函数比较麻烦，我们可以选择匿名函数来解决这个问题。

Python 使用 lambda 来创建匿名函数。

所谓匿名，指的是不再使用 def 语句这样标准的形式定义一个函数。

lambda 只是一个表达式，函数体比 def 简单很多。

lambda 的主体是一个表达式，而不是一个代码块。仅仅能在 lambda 表达式中封装有限的逻辑进去。

lambda 函数拥有自己的命名空间，且不能访问自己参数列表之外或全局命名空间里的参数。

lambda 函数的语法只包含一个语句，语法形式如下：

```
lambda [arg1 [,arg2,.....argn]]:expression
```

实验内容

① 请将下面的求和函数改写为匿名函数。

```
def sum_func(a, b, c):
    return a+b+c
print(sum_func(1, 100, 10000))
```

② 写出下列匿名函数运行结果。

```
# 无参数
lambda_a=lambda: 100
print(lambda_a())
```

结果为_____。

```
# 一个参数
lambda_b=lambda num: num*10
print(lambda_b(5))
```

结果为_____。

```
# 多个参数
lambda_c=lambda a,b,c,d:a+b+c+d
print(lambda_c(1, 2, 3, 4))
```

结果为_____。

```
 # 表达式分支
lambda_d=lambda x:x if x%2==0 else x+1
print(lambda_d(6))
```

结果为_____。

```
print(lambda_d(7))
```

结果为_____。

综合训练

1. 执行如下代码，则程序的运行结果是_____。

```
d={"Chen": 90, "Wang": 78, "Zhang": 87, "Zhao": 91, "Li": 65, "Feng": 83}
lst=sorted(d.items(), key=lambda d: d[1], reverse=True)
print(lst[0][0])
```

2. 以下程序的执行结果是_____。

```
d={'MM':1001, 'GG':1003, 'HH':1008}
d['GG']=1002
d['DD']=1003
print(sorted(d.items(), key=lambda d:d[0])[-1][1])
```

实验 5.6 常用标准库函数

实验目的

- 掌握 Python 标准库的含义和用法。
- 熟悉常见的标准库函数。

预备知识

Python 中有很多标准库，每个库中又提供了很多函数供我们使用，常见的库有 math 标准库、os 标准库、random 标准库、datetime 标准库等。

 实验内容

① 请给下列库函数的应用补上注释，说明语句含义。

```
# 实验5.6.1
>>> import math                              #_____
>>> math.cos(math.pi / 2)                    #_____
>>> math.log(256,8)                          #_____
>>> math.gcd(45,36)                          #_____
>>> math.fabs(-9)                            #_____
>>> math.sqrt(36)                            #_____
>>> math.factorial(4)                        #_____
>>> math.pow(3,3)                            #_____
>>> import random                            #_____
>>> random.choice(['C++', 'Java', 'Python']) #_____
>>> random.randint(1, 100)                   #_____
>>> random.randrange(0, 10, 2)               #_____
>>> random.random()                          #_____
>>> random.uniform(5, 10)                    #_____


>>> import os                                #_____
>>> os.getcwd()                              #_____
>>> path = 'd:\\temp'
>>> os.chdir(path)                           #_____
>>> os.getcwd()
>>> os.rename('current.txt', 'new.txt')      #_____
>>> os.remove('new.txt')                     #_____
>>> os.mkdir('d:\\temp\\tempdir')            #_____
>>> os.rmdir('d:\\temp\\tempdir')            #_____
>>> from datetime import date                #_____
>>> date.today()                             #_____
>>> from datetime import time
>>> tm = time(23, 20, 35)                    #_____
```

② 将下列代码编写成自己的函数库文件，命名为 myarray.py。

```
# 实验5.6.2 我自己的数组操作函数库
def leftRotate(arr,d,n):
    for i in range(d):
        leftRotatebyOne(arr,n)

def leftRotatebyOne(arr,n):
    temp=arr[0]
    for i in range(n-1):
        arr[i]=arr[i+1]
    arr[n-1]=temp

def printArray(arr,size):
    for i in range(size):
        print ("%d"% arr[i],end=" ")
```

③ 编写下面的程序，导入 myarray 库并使用其中的函数，观察结果。

```
import myarray
arr=[1, 2, 3, 4, 5, 6, 7]
```

```
myarray.leftRotate(arr, 2, 7)
myarray.printArray(arr, 7)
```

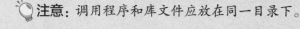注意：调用程序和库文件应放在同一目录下。

综合训练

1. 程序改错

【改错要求】

可以修改语句中的一部分内容，调整语句次序，增加少量的变量赋值或模块导入命令，但不能增加其他语句，也不能删去整条语句。

【程序功能】

在已排好序的列表中插入一个数让列表仍然有序。

函数 insert() 的形参 data 指向的是原始的有序列表，num 为待插入的新数，函数的功能是找到列表中正确的插入位置进行插入，让新列表仍然有序。

【测试数据与运行结果】

第一组测试数据：

```
Enter a new number:11
```

屏幕输出：

```
The new sorted list is: [11, 13, 22, 31, 48, 54, 71, 91, 94]
```

第二组测试数据：

```
Enter a new number:38
```

屏幕输出：

```
The new sorted list is: [13, 22, 31, 38, 48, 54, 71, 91, 94]
```

第三组测试数据：

```
Enter a new number:a
```

屏幕输出：

```
Please enter a digit!
```

第四组测试数据：

```
Enter a new number:123
```

屏幕输出：

```
The new sorted list is: [11, 13, 22, 31, 48, 54, 71, 91, 94, 123]
```

【含有错误的源程序】

```
def insert(data, num):
```

```
            length=length(data)
            data.append(num)
            for i in range(length)+1:
                if num<data[i]:
                    for j in range(length,i,-1):
                        data[j]=data[j+1]
                    data[i]=num
                    break
if __name__ == "__main__":
    data=[13,22,31,48,54,71,91,94]
    while True:
        try:
            num=int(input("Enter a new number:"))
            insert(data, num)
            print("The new sorted list is:",data)
            continue
        except ValueError:
            print("Please enter a digit!")
```

💡 **分析**：

本程序的功能为插入排序。插入排序，一般也被称为直接插入排序。对于少量元素的排序，它是一个有效的算法。它的基本思想是将一个记录插入到已经排好序的有序表中，从而产生一个新的有序表。在其实现过程中使用双重循环，外层循环遍历原序列的每一个数，内层循环是确定待插入位置后进行相关元素的移动操作。

💡 **提示**：可通过运行错误程序来辅助查找定位错误的位置。

💡 **说明**：

try语句是Python里面的控制语句，与except和finally配合使用，可处理在程序运行中出现的异常情况。

2. **程序改错**

【改错要求】

可以修改语句中的一部分内容，调整语句次序，增加少量的变量赋值或模块导入命令，但不能增加其他语句，也不能删去整条语句。

【程序功能】

寻找前 N 个丑数（ugly number）并输出到屏幕。丑数是其质数因子只包含2、3、5的正数，例如6是丑数，但14不是丑数，规定整数1是第一个丑数。

【测试数据与运行结果】

测试数据1：

```
Please enter the N(N>0): 1
```

屏幕输出：

```
[1]
```

测试数据2：

```
Please enter the N(N>0): 10
```

屏幕输出：

```
[1, 2, 3, 4, 5, 6, 8, 9, 10, 12]
```

【包含错误的程序】

```
def isUglyNumber(x):
    if x==1:
        return True
    else:
        for i in [2,3,5]:
            if x%i==0:
                x//=i
        return x==1

def getUglyNumber(N,lst):
 count=0
 x=1
 while x<N:
    if isUglyNumber(x):
        lst.append(x)
        count+=1
    x+=1

if __name__ == "__main__":
 N=int(input("Please enter the N(N>0): "))
 lst=[]
 getUglyNumber(lst)
 print(lst)
```

💡 分析：

根据丑数的定义，我们可以对备选数 M 做如下处理：M 循环除以 2 直到不能整除，此时接着循环除以 3 直到不能整除，接着循环除以 5 直到商为 1 或者不能整除为止。最后商为 1 且余数为 0 则 M 为丑数，否则为非丑数。

3. 程序改错

【改错要求】

可以修改语句中的一部分内容，调整语句次序，增加少量的变量赋值或模块导入命令，但不能增加其他语句，也不能删去整条语句。

【程序功能】

输入某年某月某日，判断这一天是这一年的第几天。

【测试数据与运行结果】

测试数据 1：

Enter the date in the format of 20171231(YYYYMMDD)：20160301

屏幕输出：

20160301 is the 61st/rd/th day of this year

测试数据 2：

Enter the date in the format of 20171231(YYYYMMDD)：20170301

屏幕输出：

20170301 is the 60st/rd/th day of this year

【包含错误的程序】

```
def count_days(someday):
    months=(0, 31, 59, 90, 120, 151, 181, 212, 243, 273, 304, 334)
    year=int(someday[0: 4])
    month=int(someday[4: 6])
    day=someday[6:]
    if 1<=month<=12:
        basicday=months[month]
    else:
        print("data error")
    basicday+=day
    leapyear=True
    if year%4==0 and year%100!=0 or year%400==0:
        leapyear=True
    if leapyear and month>2:
        basicday+=1
    return basicday

if __name__ == "__main__":
    someday=print("Enter the date in the format of 20171231(YYYYMMDD): ")
    basicday=count_days(someday)
print("{0:} is the {1:}st/rd/th day of this year".format(someday,basicday))
```

分析：

根据题目的含义和输入的日期格式可知：

要根据年份信息判断是否是闰年（二月份天数不一样）。

要根据月份信息计算该日期经过了哪几个整月的天数。

还要根据日的信息加上前面的整月天数才能计算出最后的结果。

4. 编程

【程序功能】

从键盘上输入两个不一样的正整数，编写程序输出两个数之间存在的所有素数的平方和。

【编程要求】

① 编写函数 isprime(x)，函数功能为判断整数 x 是否是素数，如果是则返回 True，否则返回 False。

② 编写函数 func(a,b)，返回 a 和 b 之间（不包含 a 和 b）的所有素数。

③ 在 __main__ 模块中输入两个不一样的正整数 a 和 b (a<b)，调用以上函数，求 a 和 b 之间所有素数的平方和，若 a 和 b 之间不存在素数则输出相应的提示。

④ 输出格式不限，但至少要输出满足条件的素数和素数的平方和。

【测试数据与运行结果】

测试数据：

```
22 30
```

屏幕输出：

```
23*23+29*29=1370
```

测试数据：

```
7 11
```

屏幕输出：

```
No prime numbers.
```

5. 编程

【程序功能】

查找包含某个数字的整数，例如 13 包含 3。

【编程要求】

① 编写函数 find_nums(nums)。函数功能：产生 10 个取值范围为 [1,100] 之间的整数后转换成字符串存入一个列表中并进行输出，在其中寻找 nums 中包含的各整数字符串第一次出现的包含的整数，若找到，将 nums 中的各数、对应的包含的整数在随机数列表中的位置（索引值加 1）及包含的整数加入列表中，若找不到则只添加 nums 中的该数，函数返回此列表。

提示：random.randint(a,b) 为生成一个 [a,b] 之间的随机数。

② 编写 __main__ 模块。模块功能：输入若干个 [1,9] 之间的整数，数字之间用逗号分隔，将这些数字字符串存入列表中，调用 find_nums() 函数接收返回值，将返回的结果按测试数据及结果中的形式输出到屏幕上。

【测试数据与运行结果】

输入：

```
3,9,5
```

输出（仅为示意，具体结果随产生的随机数变化）：

```
['27', '38', '24', '37', '10', '27', '47', '24', '19', '81']
3 found in the data at index 2(38)
```

```
9 found in the data at index 9(19)
5 is not found in the data
```

实验思考题

1. 编写一个可以颠倒数组元素的函数 rverseArray(arr, start, end)，第一个参数为操作的数组（列表），第二个参数为颠倒开始的位置，第三个参数为颠倒结束的位置。将编好的函数加入到实验 5.6.2 的 myarray 库中。

编写程序，调用库函数，实现图 5.4 所示效果。

```
==================== RESTART: F:/python/实验/第五章实验题代码/5.17.py ==========
==========
------原始数组------
1 2 3 4 5 6 7
------颠倒数组------
1 2 5 4 3 6 7
>>>
```

图 5.4 程序运行结果示意图

2. 编写程序，查找 1 000 以内的超级素数（超级素数是指 N 本身为素数，并且去掉 N 的最后一个数字后仍是素数，如 239 是素数，23 是素数，2 也是素数）。

运行结果如图 5.5 所示。

```
Python 3.7.8 (tags/v3.7.8:4b47a5b6ba, Jun 28 2020, 08:53:46) [MSC v.1916 64 bit
(AMD64)] on win32
Type "help", "copyright", "credits" or "license()" for more information.
>>>
==================== RESTART: F:/python/实验/第五章实验题代码/5.18.py ==========
==========
2
3
5
7
23
29
31
37
53
59
71
73
79
233
239
293
311
313
317
373
379
593
599
719
733
739
797
>>>
```

图 5.5 程序运行结果示意图

3. 给出三个正整数 k,a,b，查找出正整数 n，满足 a<=n<=b，且 k*f(n)=n（对于一个十

进制的正整数,定义 f(n) 函数为其各位数字的平方和)。

测试数据为 51,5000,10000,运行结果如图 5.6 所示。

```
==================== RESTART: F:\python\实验\第五章实验题代码\5.19.py ==========
==========
请输入k,a,b:51 5000 10000
7293
7854
7905
>>>
```

图 5.6　程序运行结果示意图

4. 编写四个函数,分别打印出左正、左倒、右正、右倒三角的九九乘法表,展示效果如图 5.7 所示。

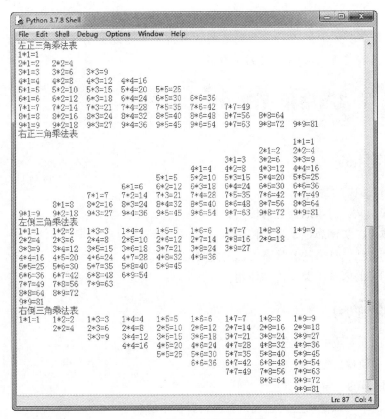

图 5.7　程序运行结果示意图

第 6 章

类与对象

本章实验要求学生掌握面向对象的思想、类和对象的定义与调用、属性和方法的使用、类的继承机制、常用类及其相关内置函数。

实验 6.1 类的属性和方法

实验目的

- 掌握面向对象的思想。
- 掌握类的定义、对象的创建与使用。
- 掌握类属性、实例属性定义与使用。
- 掌握实例方法、类方法和静态方法的定义与使用。
- 掌握类相关的内置函数功能与使用。

实验内容

① Python 面向对象的特征包括_____、_____和_____。

② Python 中使用关键字_____来表示类。

③ 属于类所有的变量称为_____。

④ Python 类中可以使用_____为属性设置初始值。

⑤ 类的实例方法中必须要有一个_____参数,位于参数列表的开头。

⑥ 空类可以使用_____作为占位符。

⑦ 在 Python 中定义类时,如果某个成员名称前有 2 个下画线则表示是私有成员。(   )

⑧ 定义类时所有实例方法的第一个参数用来表示对象本身,在类的外部通过对象名来调用实例方法时不需要为该参数传值。(   )

⑨ Python 中没有关键字区分公有属性和私有属性。(   )

⑩ 如果定义类时没有编写析构函数,Python 将提供一个默认的析构函数进行必要的资源清理工作。(   )

⑪ 定义类时如果实现了 __ len __() 方法,该类对象即可支持内置函数 len()。(   )

⑫ 定义类时实现了 __ eq __() 方法,该类对象即可支持运算符 ==。(   )

⑬ Python 类的构造函数是 __init__()。 （ ）
⑭ 定义类时，在一个方法前面使用 @classmethod 进行修饰，则该方法属于类方法。
（ ）
⑮ 通过对象不能调用类方法和静态方法。 （ ）
⑯ 在 Python 中可以为自定义类的对象动态增加新成员。 （ ）
⑰ 下列选项中，与 class Person 等价的是（   ）。
    A．class Person(Object)   B．class Person(Animal)
    C．class Person(object)   D．class Person: object
⑱ 下列关于类属性和实例属性的说法，描述正确的是（   ）。
    A．类属性既可以显示定义，又能在方法中定义
    B．公有类属性可以通过类和类的实例访问
    C．通过类可以获取实例属性的值
    D．类的实例只能获取实例属性的值
⑲ 下列选项中，用于标识为静态方法的是（   ）。
    A．@classmethood   B．@instancemethod
    C．@staticmethod   D．@privatemethod
⑳ 下列方法中，不可以使用类名访问的是（   ）。
    A．实例方法   B．类方法
    C．静态方法   D．以上 3 项都不符合
㉑ 简述面向对象编程的 3 个主要特征及含义。
㉒ 类变量和成员变量有何区别？
㉓ 成员变量和局部变量有何区别？
㉔ 简述构造方法的特点和功能。

综合训练

1．修改下列代码中的错误。

```
class Person(object):
    count=0
    def __init__(self, name, id, income, tel):
        self.name=name
        self.id=id
        self.__income=income
        self.__tel=tel
        Person.count+=1

    def work(self):
        print("I am working")

    def showcount(cls):
        print(cls.count)

    @staticmethood
    def sleep():
        print('I am Sleeping')
```

```
P=Person('小明','19210001',5000,'13888888888')
Person.showcount(Person)
Person.sleep()
print(Person.count)
print('姓名:%s, 收入:%f'%(P.name, P.__income,))
```

💡 **分析：**

在定义方法的时候，如果方法是实例方法，不需要修饰，第一个参数应该是实例 self；如果是类方法，需要 @classmethod 修饰，第一个参数为类 cls；如果是静态方法，需要用 @staticmethod 修饰，不需要实例 self 或者类 cls 作为参数。私有属性和方法在类外不可访问。

2．下列代码的输出结果是_____。

```
class Card:
    def __init__(self, id):
        self.id=id
        id=123

newcard=Card(10001)
print(newcard.id)
```

💡 **说明：**

实例属性和函数变量要区分好，self.id 和 newcard.id 调用的是实例属性，而 __init__ 函数中的 id 只是普通的变量。

3．下列代码打印的结果分别是_____和_____。

```
class Test:
    """Test class"""
    name='Jim'

print(Test.__doc__)
print(Test.__name__)
```

💡 **说明：**

__doc__ 返回类文档字符串，__name__ 返回类名。

4．下列代码运行先输出_____，再输出_____，最后输出_____。

```
class Foo:
    def __new__(cls, *args, **kwargs):
        obj=object.__new__(cls)
        print('new')
        return obj
```

```
    def __init__(self):
        print('init')

    def __call__(self, *args, **kwargs):
        print('call')
a=Foo()
a()
```

> 💡 **说明：**
> 在调用 Foo() 实例化过程中，先由 __new__ 方法创建对象，然后再由 __init__ 方法初始化实例对象，__new__ 比 __init__ 先调用。__call__ 方法的执行是由对象后加括号触发的，即：对象 () 或者类 ()。需要注意的是，__new__ 返回值是对象，__init__ 没有返回值。

5. 下列代码的输出结果分别是_____和_____。

```
class Student:
    def __init__(self, name, id):
        self.name=name
        self.id=id

    def __str__(self):
        return "我的名字叫%s,学号是%d"%(self.name, self.id)

stu=Student('小明', 192100001)
print(stu)
print(stu.__dict__)
```

> 💡 **说明：**
> 如果自己定义了 __str__ 方法，那么打印对象就会打印从在这个方法中返回的数据。__str__ 方法需要返回一个字符串，用来描述打印的对象。实例的 __dict__ 方法存储与该实例相关的实例属性，如 {'name': xxxx, 'id': 0000}。

6. 下列代码的输出结果分别是_____和_____。

```
class ucount:
    def __init__(self, s):
        self.s=s

    def __len__(self):
        count=0
        for i in self.s:
            if i.isupper():
                count+=1
        return count

a=ucount('abABCD')
print('abABCD')
print(len(a))
```

> **说明：**
> 如果自己定义了 __len__ 方法，那么在调用内联函数 len() 时，__len__ 方法就会调用。需要注意的是，__len__ 方法因为返回的是对象的长度，所以必须返回大于等于 0 的值。

7．下列代码的输出结果依次是_____。

```
class Coordinate:
    def __init__(self,x,y):
        self.x=x
        self.y=y

    def __str__(self):
        return '(%u,%u)'%(self.x, self.y)

point1=Coordinate(10,5)
print(hasattr(point1, 'x'))
print(hasattr(point1, 'y'))
print(hasattr(point1, 'z'))
print(point1)
print(getattr(point1, 'x'))
setattr(point1, 'x', 15)
print(point1)
```

> **说明：**
> hasattr() 判断一个对象里面是否有指定的属性或者方法，getattr() 方法用来获取对象的属性或者方法，若存在则打印出来；若不存在，则打印默认值，默认值可选。setattr() 给指定的属性赋值，若属性不存在，则先创建再赋值。

8．下列代码的输出结果依次是_____。

```
class Country:
def __init__(self, name, area):
    self.name=name
    self.area=area

def __lt__(self, otherCountry):
    return self.area < otherCountry.area

def __str__(self):
    return str((self.name, self.area))

China=Country('中国','960万平方公里')
America=Country('美国','937万平方公里')
print(China<America)
print(China>America)
print(China)
```

> **说明：**
> Python 的基类 object 提供一系列可以用于实现同类对象进行"比较"的实例方法，可以用于同类对象的不同实例进行比较，包括 __lt__、__gt__、__le__、__ge__、__eq__ 和 __ne__ 六个方法。当使用运算符进行对象比较时会被调用，运算符号与方法名称的对应关系如下：x<y 调用 x.__lt__(y)、x<=y 调用 x.__le__(y)、x==y 调用 x.__eq__(y)、x!=y 调用 x.__ne__(y)、x>y 调用 x.__gt__(y)、x>=y 调用 x.__ge__(y)。使用内置函数 sorted() 排序，会默认调用对象的 __lt__() 方法
>
> 需要注意的是，Python 3 假定 < 和 > 是相反的操作，如果其中一个没有定义并且被调用，则调用定义反操作，只是把对比的对象交换一下位置。同样的特性还发生在 <= 和 >= 以及 == 和 !=。

9. 下列代码的输出结果分别是 _____，_____，_____ 和 _____。

```
class Test:
    w=0
a=Test()
b=Test()
Test.w=1
print(a.w)
print(b.w)
a.w=2
print(b.w)
print(a.__dict__)
```

> **说明：**
> Python 中属性访问需要遵循向上查找机制，先查找实例变量，再查找类变量。如果是读取类属性，根据属性的获取机制，"实例名.属性"也同样可以访问类属性。需要注意的是，如果是修改类属性，由于先要查找对象的实例变量，在待查找的实例变量不存在的情况下会创建新的实例变量，并不会修改类变量。

实验思考题

1. 任意定义一个动物类，包含 name、age、color 和 food 等属性；为动物类定义一个 run() 方法，调用 run() 方法时打印相关信息；为动物类定义一个 get_age() 方法用于显示动物年龄；为动物类定义一个 eat() 方法，调用 eat() 方法时打印相关信息，如打印出"熊猫正在吃竹子"。

2. 自定义栈，实现基本的入栈、出栈操作。能够判断栈的状态（空、满等）并能够显示当前状态和剩余空间大小等。

> **提示：**
> 设计的时候要考虑自定义栈包含哪些实例属性、类属性，包含哪些实例方法、类方法和静态方法，以及属性和方法分别应该是公有的还是私有的，以及如何定义方法能方便快捷地打印当前状态和空间大小。

3. 设计双端队列类，实现队列的入队、出队、添加、删除、插入和修改等操作。

> **提示：**
> 设计双端队列的入队、出队、添加、删除、插入和修改操作，需要考虑到队头的入队和出队操作以及队尾的出队和入队操作。

4. 实现水果买卖功能。在买卖水果过程中，商店将水果卖给顾客，商店的营业额和利润增加，对应的水果库存降低；同时顾客的现金减少，买到了可以食用的水果。如果顾客现金不够则需要取款，如果商店库存不够则需要进货。

（1）构造水果类、顾客类和商店类。其中，水果包含名称、成本、售价和库存等属性；顾客包含姓名、现金等属性；商店包含名称、营业额、利润和商店数量等属性（注意哪些属性为实例属性，哪些为类属性，哪些为公有属性，哪些为私有属性，以及这些属性如何初始化）。

（2）设计相应的方法，能够打印不同对象的状态，包括但不限于水果库存、商店总数量和营业额、顾客现金等；除此之外，在买卖水果过程中，还需要设计哪些方法？这些方法哪些为实例方法，哪些为类方法，哪些为静态方法？

> **提示：**
> （1）打印状态可以通过定义 __str__ 方法，调用 print() 函数打印输出对象，返回对象的规范化字符串表现形式。
> （2）在销毁对象时需要的操作，可以在 __del__ 中实现。
> （3）只访问成员变量的方法，定义为实例方法；只访问类变量的方法，定义为类方法；既访问成员变量，也访问类变量的方法，定义为实例方法；既不访问成员变量，也不访问类变量，定义为静态方法。
>
> 在本实验中，如果通过这种方式构建水果类，假如现有苹果 100 千克，如果再买 100 千克苹果，则会产生两个包含 100 千克苹果的对象。我们期望再买 100 千克苹果后，当前苹果数量变为 200 千克而不是生成 2 个 100 千克苹果的对象，如何解决这个问题？

实验 6.2 类的继承

实验目的

- 掌握继承的概念和思想。
- 掌握继承的相关内置函数的功能与使用。
- 能够运用继承的思想解决实际问题。

实验内容

① 在派生类中可以通过"基类名.方法名()"的方式来调用基类中的方法。　　(　)
② Python 类不支持多继承。　　(　)
③ 继承会在原有类的基础上产生新的类，这个新类就是父类。　　(　)
④ 子类能继承父类的一切属性和方法。　　(　)
⑤ 子类通过重写继承的方法，覆盖掉跟父类同名的方法。　　(　)
⑥ 在设计派生类时，基类的私有成员默认是不会继承的。　　(　)
⑦ 继承的作用是什么？
⑧ 重载的作用是什么？

综合训练

1. 下列代码的输出结果是什么？如何解释结果？

```python
class A(object):
    def __init__(self):
        print('A')
        super(A, self).__init__()

class B(object):
    def __init__(self):
        print('B')
        super(B, self).__init__()

class C(A):
    def __init__(self):
        print('C')
        super(C, self).__init__()

class D(A):
    def __init__(self):
        print('D')
        super(D, self).__init__()

class E(B, C):
    def __init__(self):
        print('E')
        super(E, self).__init__()
```

```
class F(C, B, D):
    def __init__(self):
        print('F')
        super(F, self).__init__()

class G(D, B):
    def __init__(self):
        print('G')
        super(G, self).__init__()

if __name__ == '__main__':
    g = G()
    f = F()
```

> **说明**：
> 调用类会自动触发 __init__ 函数。所有继承 object 的类及其子类都是新式类，新式类的多重继承按从左到右、广度优先的顺序搜索。即新式类的多重继承从左往右依次调用 __init__ 函数，在调用的过程中遇到共同的父类就绕开，往宽的广的扩展。

2．下列代码的输出结果分别是_____和_____。

```
class A(object):
    counter=0
    def __init__(self, name):
        self.name=name
        A.counter+=1
    def f(self):
        print("Welcome")

class B(A):
    def f(self):
        print("Hi, {}, your No is {}.".format(self.name, A.counter))

if __name__ == '__main__':
    a=A('Tom')
    a.f()
    b=B('Zoe')
    b.f()
```

> **说明**：
> 类 B 继承了父类 A 中的类属性 counter，并对 f() 方法进行了覆盖。因此 a.f() 执行的是类 A 中的 f() 方法，而 b.f() 执行的是类 b 中的 f() 方法，显示类 A 中的类属性 counter。

3．下列代码的输出结果分别是_____、_____和_____。

```
class Parent(object):
    x=1

class Child1(Parent):
```

```
    pass
class Child2(Parent):
    pass

print(Parent.x, Child1.x, Child2.x)
Child1.x=2
print(Parent.x, Child1.x, Child2.x)
Parent.x=3
print(Parent.x, Child1.x, Child2.x)
```

> 💡 说明：
> 子类会继承父类的实例属性和类属性。如果用"实例.类属性"修改类属性的值，会在实例中创建新的和类属性同名的实例属性并进行赋值，而不会影响类属性的值。用"类名.类属性"修改类属性的值才能使类属性发生变化。

4. 下列代码的输出结果分别是_____。

```
class people:
    name=''
    age=0
    __weight = 0
    def __init__(self, n, a, w):
        self.name=n
        self.age=a
        self.__weight=w
    def speak(self):
        print("%s 说：我 %d 岁。" % (self.name, self.age))

class student(people):
    grade=''
    def __init__(self, n, a, w, g):
        people.__init__(self, n, a, w)
        self.grade=g
    def speak(self):
        print("%s 说：我 %d 岁了，我在读%d年级" % (self.name, self.age,
self.grade))

class speaker():
    topic=''
    name=''
    def __init__(self, n, t):
        self.name=n
        self.topic=t
    def speak(self):
        print("我叫%s,我是一个演说家,我演讲的主题是%s"%(self.name, self.
topic))

class sample(speaker, student):
    a=''
    def __init__(self, n, a, w, g, t):
        student.__init__(self, n, a, w, g)
```

```
            speaker.__init__(self, n, t)
test=sample("Tim", 25, 80, 4, "Python")
test.speak()
```

> **说明：**
> 子类会继承父类的属性和方法。如果在多重继承中，多个基类均包含某个方法，在子类调用该方法的过程中，默认调用的是在括号中排前的父类方法。

5. 下列代码的输出结果分别是_____和_____。

```
class A(object):
    def __init__(self):
        self.__private()
        self.public()
    def __private(self):
        print('private method in A')
    def public(self):
        print('public method in A')

class B(A):
    def __private(self):
        print('private method in B')
    def public(self):
        print('public method in B')

class C(A):
    def __init__(self):
        self.__private(),
        self.public()
    def __private(self):
        print('private method in C')
    def public(self):
        print('public method in C')
B()
C()
```

> **说明：**
> 父类中的私有方法在子类中不能直接访问，父类的公有方法在子类中可以直接访问，也可以被覆盖。类 B 没有定义构造方法，因此会继承基类的构造方法。类 B 还覆盖了父类的 public() 函数，但不能覆盖父类的私有函数。类 C 通过定义 __init__ 构造函数，在初始化过程中调用本类的私有方法 __private() 和公有方法 public()。

实验思考题

1. 构造 Myshape 类作为基类，Circle 类和 Rectangle 类继承自 MyShape 类，要求对

于不同的图形，面积和周长的计算方式不同。

> **提示：**
> 在基类 Myshape 中定义计算面积的方法 getarea()，在子类 Circle 和 Rectangle 中覆盖 getarea() 方法以实现多态。

2. 定义父类 Point，其包含两个属性 x 和 y，Point 两个实例相加即分别为两个实例的属性 x 和 y 相加。Vector 是 Point 的子类，其包含 x、y 和 z 三个属性。请重载加法运算符，实现三维向量的加法。输入、输出如表 6.1 所示。

表 6.1 输入和输出

输 入	输 出
v1 = Vector(2, 10,7) v2 = Vector(5, -2,-1) print(v1 + v2)	Vector (7, 8, 6)

> **提示：**
> 重载加法运算符即重载 __add__ 函数，当两个被重载类的实例相加时，会调用 __add__ 函数。如输入表 6.1 的 print() 函数要输出表 6.1 右列内容，还需在 Vector 类中定义 __str__ 方法。

3.（1）编写一个老师类，老师有属性有编号、姓名、性别、年龄、等级、工资，老师类中方法有吃饭、睡觉、教学和打招呼等。

（2）再编写一个学生类，学生属性有学号、姓名、性别、年龄、成绩，学生类中的方法有吃饭、睡觉、学习和打招呼等。

（3）尝试抽象老师类与学生类得到父类，用继承的方式重写上述代码，减少代码冗余。

> **提示：**
> 为了减少代码冗余，应该在父类中定义子类中的相同的属性和方法。不同的部分为子类的特有属性和方法。

第 7 章 文件操作

本章实验要求学生掌握文件的基本概念、文件的打开与关闭、文件读写和定位操作、目录操作以及相关内建函数。

实验 7.1 文件打开、关闭与读写

实验目的

- 掌握文件的不同打开方式。
- 掌握文件的关闭方法和 with 的使用。
- 掌握文件的读写与定位。

实验内容

① 使用上下文管理关键字_____可以自动管理文件对象,不论何种原因结束该关键字中的语句块,都能保证文件被正确关闭。

② 对文件进行写入操作之后,_____方法用来在不关闭文件对象的情况下将缓冲区内容写入文件。

③ 打开文件对文件进行读写,操作完成后应该调用_____方法关闭文件,以释放资源。

④ seek() 方法用于移动指针到制定位置,该方法中_____参数表示要偏移的字节数。

⑤ os 模块中的 mkdir() 方法用于创建_____。

⑥ 在读写文件的过程中,_____方法可以获取当前的读写位置。

⑦ 文件打开的默认方式是只读。   (   )

⑧ 用 'a+' 打开一个文件,如果文件存在会被覆盖。   (   )

⑨ read() 方法只能一次性读取文件中的所有数据。   (   )

⑩ 使用 write() 方法写入文件时,数据会追加到文件的末尾。   (   )

⑪ 实际开发中,文件或者文件夹操作都要用到 os 模块。   (   )

⑫ 打开一个已有文件,然后在文件末尾添加信息,正确的打开方式为(   )。

    A. 'r'   B. 'w'   C. 'a'   D. 'w+'

⑬ 假设文件不存在，如果使用 open() 方法打开文件会报错，那么该文件的打开方式是下列哪种模式？（　　）

A．'r'　　　　　B．'w''　　　　　C．'a'　　　　　D．'w+'

⑭ 假设 file 是文本文件对象，下列选项中，哪个用于读取一行内容？（　　）

A．file.read()　　　　　　　　B．file.read(200)

C．file.readline()　　　　　　D．file.readlines()

⑮ 下列方法中，用于向文件中写入内容的是（　　）。

A．open　　　　　　　　　　B．write

C．close　　　　　　　　　　D．read

综合训练

1．打开文件 D:\ hello.txt，文件中内容如下：

```
hello.txt - 记事本
文件(F)  编辑(E)  格式(
Hello world!
This is a test!
```

连续用 read() 和 readlines() 读取文件内容，代码如下：

```
with open(r'd:\hello.txt', 'r') as f:
    print(f.read())
    print(f.readlines())
```

（1）执行结果如下所示，请分析原因。

```
Hello world!
This is a test!

[]
```

提示：
调用 read() 会读取整个文件中的内容，并将读取的游标留在文件的末尾。

（2）修改上面的代码使得 readlines() 方法也能读出数据，如下所示。

```
Hello world!
This is a test!

['Hello world!\n', 'This is a test!\n']
```

```
with open(r'd:\hello.txt', 'r') as f:
    print(f.read())
    _____
    print(f.readlines())
```

> **分析:**
> 可以通过 seek() 函数移动游标在文件中的位置从而改变读取文件的位置。

(3) 分析 read() 和 readlines() 读取的结果有何区别。

> **分析:**
> 从上面的截图可以看出，read() 方法读取出来的数据没有中括号 []，而 readlines() 方法读取的数据有 []，说明两者的返回值类型不同，两者分别返回什么类型数据？

2．分析代码。

（1）下列代码的功能是_____。

```python
def print_to_file(fname):
    num=1
    with open(fname+"_OK.txt","w") as output_file:
        with open(fname, 'r') as input_file:
            for line in input_file:
                output_file.write('%03d%s'%(num, line))
                num=num+1
```

（2）下列代码的功能是_____。

```python
import os

path=r"D:\\"
filename="hello.txt"
for root,dirs,files in os.walk(path):
    for name in files:
        if filename==name:
            print(os.path.join(root,name))
```

（3）下列代码的功能是_____。

```python
def alter(file,old_str,new_str):
    file_data=""
    with open(file, "r", encoding="utf-8") as f:
        for line in f:
            if old_str in line:
                line=line.replace(old_str,new_str)
            file_data+=line
    with open(file,"w",encoding="utf-8") as f:
        f.write(file_data)
```

实验思考题

1．统计文本文件中最长行的长度和该行的内容。

> **提示：**
> 因为是以行为单位对文本进行分析，所以用 read() 方法直接读取所有内容作为一个长字符串就不适合这种情形。可以使用 readline() 逐行读取，或 readlines() 以行作为列表中的元素读取整个文本内容更加适合。

2．以行为单位列出两个文本文件中内容重复部分。

> **提示：**
> 因为是以行为单位对文本进行分析，还是用 readline() 或者 readlines() 读取文本内容更加适合。如果用 readlines() 方法将两个文本内容分别读取到两个列表中，则两个文本文件中内容重复部分变成求两个列表中包含的相同元素，可以用循环遍历两个列表求得。或者将列表转换为集合，通过集合交集等方法求解。

3．文件 a.txt 中保存政府工作报告内容，请将内容读出，用 jieba 库分词，统计每个词出现的次数，最后用词云显示。

> **提示：**
> 如未安装 jieba 库和 wordcloud 库，可先启动命令行，通过 pip install jieba 和 pip install wordcloud 安装。jieba 是 Python 的一个中文分词库，可使用 jieba.cut（返回 generator）和 jieba.lcut（返回 list）进行分词。wordcloud 是词云展示第三方库，可以根据文本中词语出现的频率、词云形状、尺寸和颜色等参数绘制词云：
>
> ```
> seg_list = jieba.cut("今天哪里都没去，在家里睡了一天", cut_all=True) # ['今天','哪里','都','没去','，','在家','家里','睡','了','一天']
> liststr = " ".join(seg_list)
> wc = wordcloud.WordCloud(font_path=myfont_path) # myfont_path为字库路径，对中文分词要添加中文字库，如windows自带仿宋字体库 r'C:\Windows\Fonts\simfang.ttf'
> wc.generate(liststr)                            #生成词云
> w.to_file('show.png')                           #保存到文件
> ```

4．文件 a.txt 内容：每一行内容分别为商品名字、钱、个数，如下所示：

```
apple 10 3
tesla 100000 1
mac 3000 2
lenovo 30000 3
chicken 10 3
```

通过代码，将其构建成下面的数据类型：

[{'name':'apple','price':10,'amount':3},{'name':'tesla','price':1000000,'amount':1}……]，并计算出总价钱。

> **提示：**
> 用 readline() 每次读取一行，将读取的内容按要求分隔成三部分，根据 name、price 和 amount 三个键值分别放入到字典中，最后将字典添加到列表中。遍历完成后即可得到上述数据结构以及所有物品的总价钱。

5. 自动检测优盘插入并写入文本文件。

> **提示：**
> psutil (python system and process utilities) 是一个跨平台的第三方库，能够轻松实现获取系统运行的进程和系统利用率（包括 CPU、内存、磁盘、网络等）信息。它主要用于系统监控、分析、限制系统资源和进程的管理。使用方法如下：
>
> ```
> >>> import psutil
> >>> psutil.disk_partitions()
> [sdiskpart(device='C:\\', mountpoint='C:\\', fstype='NTFS', opts='rw,fixed',
>                     # 固态硬盘
>     sdiskpart(device='D:\\', mountpoint='D:\\', fstype='NTFS', opts=
> 'rw,removable'        # 优盘 ]
> ```
>
> 当 opts 中包含 removable 则说明该设备为优盘。可使用 psutil 库中的 disk_partitions() 函数循环读取磁盘相关信息判断是否有优盘插入，当有优盘插入时创建文本文件并写入信息。

6. 有语文、数学和英语三个 txt 文档，里面分别包含了学生姓名和成绩数据（假定学生不重名）。读取这三个 txt 文件，统计每门功课的平均分和方差，以及所有学生的总分。

> **提示：**
> 为了减少循环次数，希望把三个 txt 文件遍历一次就得到每门功课的平均分、方差以及学生的总分。可考虑如下方式：
>
> （1）打开一个 txt 文件，每遍历一行，更新当前记录的人数、该门功课的总分、某同学姓名和该门功课的成绩。当该文件遍历完成后，则可计算出该门功课的平均分和方差，同时得到班上所有同学的该门功课成绩。
>
> （2）依次打开下一个 txt 文件，每遍历一行，更新当前记录的人数、该门功课的总分，查找该同学姓名是否存在，存在则把该门成绩和之前成绩求和，姓名不存在则创建新的学生姓名和对应的课程成绩。
>
> （3）重复上述过程，直到三个 txt 文件都遍历完成。此时可以得到三门功课的平均分、方差，以及每位同学对应的总分。

实验 7.2 目录操作

实验目的

- 掌握使用 Python 对目录的新建、删除、修改和遍历等操作。
- 了解 os 库中目录相关内置函数并能熟练使用。
- 综合运用目录和文件的相关操作完成复合操作。

预备知识

Python 标准库提供了强大的文件和文件夹操作功能。常用的函数功能如表 7.1 所示。

表 7.1　Python OS 库常用函数

方　　法	描　　述
os.access(path, mode)	检验权限模式
os.chdir(path)	改变当前工作目录
os.chmod(path, mode)	更改权限
os.chown(path, uid, gid)	更改文件所有者
os.chroot(path)	改变当前进程的根目录
os.getcwd()	返回当前工作目录
os.getcwdu()	返回一个当前工作目录的 Unicode 对象
os.link(src, dst)	创建硬链接，名为参数 dst，指向参数 src
os.listdir(path)	返回 path 指定的文件夹包含的文件或文件夹的名字的列表
os.makedirs(path[, mode])	递归文件夹创建函数。像 mkdir()，但创建的所有 intermediate-level 文件夹需要包含子文件夹
os.mkdir(path[, mode])	以数字 mode 为数字权限创建一个名为 path 的文件夹，默认的 mode 是 0777（八进制）
os.mkfifo(path[, mode])	创建命名管道，mode 为数字，默认为 0666（八进制）
os.path 模块	获取文件的属性信息
os.remove(path)	删除路径为 path 的文件。如果 path 是一个文件夹，将抛出 OSError；查看下面的 rmdir() 删除一个 directory
os.removedirs(path)	递归删除目录
os.rename(src, dst)	重命名文件或目录，从 src 到 dst
os.renames(old, new)	递归地对目录进行更名，也可以对文件进行更名
os.rmdir(path)	删除 path 指定的空目录，如果目录非空，则抛出一个 OSError 异常
os.symlink(src, dst)	创建一个软链接

实验内容

① Python 标准库 os 中用来列出指定文件夹中的文件和子文件夹列表的方式是_____。
② Python 标准库 os.path 中用来判断指定文件是否存在的方法是_____。
③ Python 标准库 os.path 中用来判断指定路径是否为文件的方法是_____。
④ Python 标准库 os.path 中用来判断指定路径是否为文件夹的方法是_____。
⑤ Python 标准库 os.path 中用来分隔指定路径中的文件扩展名的方法是_____。
⑥ 要想获得当前工作目录，可利用 os 模块中的_____。

综合训练

1. 分析代码。

(1) 下列代码的功能是_____。

```
import os
for filename in os.listdir('d:/Software'):
    print(filename)
```

(2) 下列代码的功能是_____。

```
import os
def fun(path):
    if not os.path.isdir(path) and not os.path.isfile(path):
        return False
    if os.path.isfile(path):
        file_path=os.path.split(path)
        lists=file_path[1].split('.')
        file_ext=lists[-1]
        doc_ext=['doc', 'txt', 'xls']
        if file_ext in doc_ext:
            os.rename(path, file_path[0] + '/' + lists[0] + '_wd.' + file_ext)
    elif os.path.isdir(path):
        for x in os.listdir(path):
            fun(os.path.join(path, x))
d='D:\\test'
fun(d)
```

(3) 下列代码的功能是_____。

```
from os import listdir
from os.path import join, isfile, isdir, basename

flag=False
def fun(path, fn):
    global flag
    for sub in listdir(path):
        sub=join(path, sub)
        if isfile(sub) and basename(sub) == fn:
            print(sub)
            flag=True
        elif isdir(sub):
            fun (sub, fn)
```

(4) 下列代码的功能是_____。

```
import os
def fun(file_path, KB=False, MB=False):
    size=os.path.getsize(file_path)
    if KB:
        size=round(size / 1024, 2)
    elif MB:
        size=round(size / 1024 * 1024, 2)
    else:
        size=size
    return size
```

(5) 下列代码的功能是_____。

```python
import os
from os.path import isfile, join

targetDir='source'

totalsize=0
for f in os.listdir(targetDir):
    filePath=join(targetDir, f)
    if isfile(filePath) and filePath.endswith('.avi'):
        newname=filePath[:-3]+'dll'
        os.rename(filePath,newname)
```

(6) 下列代码的功能是_____。

```python
import os
Root='a'
Dest='b'
for (root, dirs, files) in os.walk(Root):
    new_root=root.replace(Root, Dest, 1)
    if not os.path.exists(new_root):
        os.mkdir(new_root)
    for d in dirs:
        d=os.path.join(new_root, d)
        if not os.path.exists(d):
            os.mkdir(d)
    for f in files:
        (shotname, extension)=os.path.splitext(f)
        old_path=os.path.join(root, f)
        new_name=shotname + '_bak' + extension
        new_path=os.path.join(new_root, new_name)
        try:
            open(new_path, 'wb').write(open(old_path, 'rb').read())
        except IOError as e:
            print(e)
```

实验思考题

1. 读取指定目录所有文件的文件名并将路径和文件名保存到 txt 文件中。

> **提示：**
> 遍历文件夹中所有文件（通过 os.listdir 或者 os.walk），如果是文件夹，则跳过；如果是文件（通过 os.path.isfile 判断），则获取文件路径和文件名（通过 os.path.abspath 函数获取）并写入到 txt 文件中。

2. 删除指定文件夹中指定类型的文件和大小为 0 的文件。

> 💡**提示**：
>
> 遍历文件夹中所有文件（通过 os.listdir 或者 os.walk），如果是文件夹，则跳过；如果是文件（通过 os.path.isfile 判断），则获取文件大小以及文件的扩展名（分别通过 os.path.getsize 函数和 os.path.splitext 函数获取）。如文件大小为 0 或者扩展名满足指定的类型，则删除该文件。

3. 将指定目录下不同类型文件分类存放到同一目录下。如文件夹 test 中包含若干 txt、jpg、pdf、doc 等文件，分别新建 txt 文件夹、txt 文件夹、jpg 文件夹、pdf 文件夹、doc 文件夹，并将文件移动到对应的文件夹中。

> 💡**提示**：
>
> 该操作可分如下 3 个步骤：
>
> （1）遍历指定目录（通过 os.listdir 或者 os.walk），如果是文件夹，则跳过；如果是文件（通过 os.path.isfile 判断），则获取文件类型，获取文件扩展名可通过 os.path.splitext 函数。
>
> （2）依次按照文件类型创建对应的文件夹，创建文件夹可通过 os.mkdir(path) 函数。
>
> （3）遍历文件，将文件移到对应的文件夹中，移动文件夹可使用 shutil 库中的 move 函数，shutil.move(src, dst)。
>
> 如果按照上面的步骤移动完成需要三次循环，可否一次循环就做完整个流程？

4. 获取指定目录下所有的文件大小，找出最大文件及最小文件，并计算整个文件夹大小。

> 💡**提示**：
>
> （1）创建变量 small、big 和 total，分别保存最小文件大小、最大文件大小和文件夹大小。
>
> （2）遍历指定目录（通过 os.listdir 或者 os.walk），如果是文件夹，则跳过；如果是文件（通过 os.path.isfile 判断），则获取文件大小（通过 os.path.getsize(file_path) 函数获取）。每次获取文件大小后分别更新 small、big 和 total 三个变量。
>
> （3）遍历完成后即得到最大文件、最小文件和整个文件夹大小。

5. 成绩文件夹中有多个 txt 文档，txt 文档以功课的名称命名，里面分别包含了学生学号、姓名和该门功课的成绩数据。读取所有 txt 文件，根据学生的学号将所有功课的成绩统一保存到新的 scores.txt 文档中。

> 💡**提示**：
>
> 该操作可分如下 3 个步骤：
>
> （1）创建新文件 scores.txt 并打开，用来记录学生的成绩。

（2）遍历成绩文件夹，判断该文件是否是 txt 文件（先用 os.path.isfile 判断是否是文件，再用 os.path.splitext 获取文件名和扩展名），如果是 txt 文件则读取文件并记录文件名，用来标识功课名称。

（3）从某个 txt 文档中读取数据后，判断该学号是否已经存在，如不存在则添加学号，如学号存在则记录该学号对应的某门功课的成绩。

需要注意的是，从效率的角度考虑，如何设计数据类型，能快速查找学生学号是否存在，并能够快速添加相应功课的成绩？

第 8 章 异常处理与程序调试

本章实验要求学生了解 Python 自带的异常类和自定义异常类,掌握 Python 中的异常处理以及 IDLE 方式调试程序的方法。

实验 8.1 Python 中的异常处理

实验目的

- 掌握 try 语句实现异常处理的方法。
- 学会 raise 语句实现异常处理的方法。

实验内容

1. 查看 Python 中的异常类

① 通过 dir() 函数简单查看自带的异常类。

```
dir(__builtins__)
```

运行结果如图 8.1 所示

图 8.1 查看异常类

② 输入下面的程序,观察异常错误类型,看看表示什么意思。

```
c=d+e
print(c)
```

运行结果如图 8.2 所示，查看 NameError 错误信息。

```
c=d+e
print(c)

NameError                                 Traceback (most recent call last)
<ipython-input-6-066b362fc621> in <module>
----> 1 c=d+e
      2 print(c)

NameError: name 'd' is not defined
```

图 8.2　NameError

输入 3/0，运行结果如图 8.3 所示，查看 ZeroDivisionError 错误信息。

```
3/0

ZeroDivisionError                         Traceback (most recent call last)
<ipython-input-8-f6cc6d14333b> in <module>
----> 1 3/0

ZeroDivisionError: division by zero
```

图 8.3　ZeroDivisionError

2. 异常处理

① except...as 语句捕获多个异常，同时给出提示信息。

```
# code8_1
try:
    num1=int(input('enter the first number:'))
    num2=int(input('enter the second number:'))
    print(num1/num2)
except Exception as err:
    print(err)
    print('something is wrong!')
```

用户输入"2"与"0"，程序运行结果如下：

```
enter the first number:2
enter the second number:0
division by zero
something is wrong!
```

② 使用 try... finally 语句捕获除法运算语句中可能存在的异常。

```
# code8_2
try:
    num1=int(input('enter the first number:'))
    num2=int(input('enter the second number:'))
    print(num1/num2)
except Exception as err:
    print(err)
    print('something is wrong!')
```

```
else:
    print('you are right!')
finally:
    print('the end!')
```

如果用户分别输入"2"和"4",程序运行结果如下:

```
enter the first number:2
enter the second number:4
0.5
you are right!
the end!
```

如果用户分别输入"2"和"a",程序运行结果如下:

```
enter the first number:2
enter the second number:a
invalid literal for int() with base 10: 'a'
something is wrong!
the end!
```

3. raise

①当除法运算除数为 0 时,捕获 raise 语句抛出的异常。

```
# code8_3
try:
    num1=int(input('enter the first number:'))
    num2=int(input('enter the second number:'))
    if num2==0:
        raise ZeroDivisionError
except ZeroDivisionError:
    print('caught the ZeroDivisionError, the second number cannot be zero ')
```

用户输入"1"和"0",程序运行结果如下:

```
enter the first number:1
enter the second number:0
caught the ZeroDivisionError, the second number cannot be zero
```

② 从键盘读入小写字母,输出对应的大写字母。异常处理用 try...expect... 语句实现。

```
# code8_4
try:
    ch1=input('请输入一个小写字母:')
    if(ch1<'a' or ch1>'z'):
        raise ValueError
    else:
        print(chr(ord(ch1)-32))
except ValueError:
    print('不是小写字母')
```

运行结果:

```
输入"a",显示"A"
输入"1",显示"不是小写字母"
```

1. 以下保留字不用于异常处理逻辑的是_____。
   A．while   B．try   C．finally   D．else

> **分析：**
> Python 中有很多异常处理的方法，例如：try...except...、try...except...else...、try...except... as...、try...finally... 以及 raise... 等。因此 try、finally、else 都是用于异常处理逻辑的保留字，而 A 选项中的 while 不属于此类保留字。

2. 如果 Python 程序执行时产生了 "IndentationError" 的错误，其原因是_____。
   A．代码中的输出格式错误   B．代码使用了错误的关键字
   C．代码里的变量名未定义   D．代码中出现了缩进错误

> **分析：**
> Python 中有很多异常类，常用的异常类如表 8.1 所示。从表中可以查得 IndentationError 表示出现了缩进错误，因此答案为 D。

表 8.1 常用异常类

异常名称	描述
Exception	常规异常的基类
AttributeError	该对象无此属性
IndexError	序列中无该索引
KeyError	映射中无此键
NameError	未初始化 / 声明该对象
SyntaxError	Python 语法错误
SyntaxWaring	对可疑语法的警告
TypeError	对类型无效的操作
ValueError	传入参数无效
ZeroDivisionError	除法或者求模运算第二个参数为 0
IOError	输入 / 输出操作失败
LookupError	无效数据查询的基类
IndentationError	缩进错误
TabError	【Tab】键与空格混用

3. 判断某数是否为素数，要求用 try...finally... 语句处理异常。

```
# code8_5
def is_Prime(n):                           # 判断是否为素数，返回布尔值
    try:
        if n<=1:                           # 输入值的异常处理
            raise ValueError
```

```
        if n==2:                              #对于2做特殊处理
            return True
        else:
            for i in range(2,n+1):
                if n%i==0:
                    return False
                else:
                    return True
    except ValueError:
        print("输入的数值错误,请重新输入! ")
    fanally:
        print("没有错误! ")
a=int(input("请输入一个数值: "))
if is_Prime(a):
    print(a,'是素数')
else:
    print(a,'不是素数')
```

4. 为保证减法运算（a–b）输出结果大于 0，使用多个 except 子句捕获输入数据不合法以及 b＞a 的异常。

```
# code8_6
class BigError(Exception):
    print('')

try:
    a=int(input('enter a:'))
    b=int(input('enter b:'))
    print(a-b)
    if a<=b:
        raise BigError
except ValueError:
    print('please input a digit!')
except BigError:
    print('please be sure that a-b>0!')
```

实验思考题

1. 判断年份是否是闰年，并用 try...expect...else 语句捕获异常。

2. 定义一个函数 func(listinfo)，其中 listinfo = [133, 88, 24, 33, 232, 44, 11, 44]，返回列表中小于 100，且为偶数的数。用 try...expect...else... 语句捕获异常。

3. 编写一个程序，让用户输入出生年月日，如果输入非整数数字类型，引发异常并反馈错误信息。

实验 8.2 使用 IDLE 调试程序

实验目的

- 掌握使用 IDLE 调试程序的基本步骤。
- 学会观察程序运行过程中变量变化的方法。

实验内容

按照下列步骤，使用 IDLE 调试 Python 程序 code8_5。

① 在 GL(lst,n) 处设置断点。
② 调试查看局部变量（Locals）和全局变量（Globals）。
③ 练习使用 Go 按钮、Step 按钮、Over 按钮、Out 按钮和 Quit 按钮，同时观察程序运行过程中各个变量值的变化。

```
# code8_7
import random
def GL(list1,n):
    for x in range(n):
        k=random.randint(10,99)
        list1.append(k)

if __name__ == "__main__":
    while True:
        try:
            n=eval(input("input n: "))
            if 30<=n<=60:
                break
        except:
            print("input error")
    lst=[]
    GL(lst,n)
    for i in range(n):
        if i%10==0:
            print()
        print('{0:2d}'.format(lst[i]),end=' ')
```

实验思考题

输入 5 个及以上的数（不足 5 个或输入错误，重新输入，直到正确为止），调用排序自定义函数。最后按从小到大输出。使用 IDLE 调试 Python 程序 code8_8。

【测试数据与运行结果】

输入至少 5 个数字：2,5,4,1,8,3,6
[1, 2, 3, 4, 5, 6, 8]

或

输入至少 5 个数字：2,a,5,6,7,9
输入错误！

或

输入至少 5 个数字：2,5,1
输入至少 5 个数字：2,5,4,1,8
[1, 2, 4, 5, 8]

【包含错误的程序】

```
# code8_8
def mysort(nums):
    n=len(nums)
    for i in range(n-1):
        for j in range(i+1, n-1):
```

```
            if nums[i]>nums[j]:
                nums[i], nums[j]=nums[i], nums[j]

    return nums

if __name__ == "__main__":
    while True:
        try:
            a=list(eval(input("输入至少 5 个数字：")))
            if len(a)<5:
                continue
            else
                break
        except:
            print("输入错误！")

    print(mysort(a))
```

【答案】

```
def mysort(nums):
    n=len(nums)
    for i in range(n-1):
        for j in range(i+1, n):                                 # 改为 n
            if nums[i]>nums[j]:
                nums[i], nums[j]=nums[j], nums[i]               # 颠倒

    return nums                                                  # 缩进
if __name__ == "__main__":
    while True:
        try:
            a=list(eval(input("输入至少 5 个数字：")))
            if len(a)<5:
                continue
            else:                                                # 加：
                break
        except:
            print("输入错误!")

print(mysort(a))
```

第 9 章

科学计算与可视化

本章实验要求学生掌握 Python 科学计算生态系统中 NumPy、Matplotlib 和 Pandas 这 3 个核心包的使用方法,理解并练习 SciPy library 和 Statistics 的应用方法。

实验 9.1 科学计算与可视化简单应用

实验目的

- 掌握 NumPy 科学计算的使用方法。
- 熟悉 SciPy Library 模块的使用方法。
- 熟悉 Matplotlib 绘图工具。
- 熟悉 Pandas 应用方法。
- 了解 Statistics 统计库的操作。

预备知识

① NumPy 是 Python 中做科学计算的基础包,主要用于处理多维数组、大型矩阵等。该工具包以 C 语言为基础开发,运行要比 Python 更加高效。

② SciPy library 是基于 NumPy 构建的 Python 模块,该模块增加了操作数据和可视化数据的能力。

③ Matplotlib 是 Python 的 2D 绘图库,可以生成曲线图、散点图、直方图、饼图、条形图等。

④ Pandas 是基于 NumPy 的一种工具,该库有很多标准的数据模型,提供了高效处理数据集的工具。

⑤ Statistics 是 Python 的数据统计基本库,可以执行许多简单操作。

实验内容

1. NumPy

① 请输入以下代码并运行,查看结果。

```
>>> import numpy as np
>>> a=np.array([1,2,3,4,5])
```

```
>>> a
array([1, 2, 3, 4, 5])
>>> b=np.array([(1,2,3,4,5),(6,7,8,9,10)])
>>> b
array([[ 1,  2,  3,  4,  5],
       [ 6,  7,  8,  9, 10]])
```

运行结果：

```
[1 2 3 4 5]
[[ 1  2  3  4  5]
 [ 6  7  8  9 10]]
```

② 请输入以下代码并运行，查看结果。

请注意 empty 和 random 出现的随机值有可能不一样。

```
# 创建 ndarray
print(np.zeros((2,3)))
print(np.empty((2,2)))
print(np.ones((3,2)))
print(np.arange(3))
print(np.random.random((2,2)))
print(np.array([1,2,3,4,5]))
print(np.zeros_like(a))
```

运行结果：

```
[[0. 0. 0.]
 [0. 0. 0.]]
[[0.81366595 0.04151979]
 [0.67548207 0.70698198]]
[[1. 1.]
 [1. 1.]
 [1. 1.]]
[0 1 2]
[[0.82223572 0.63195015]
 [0.86120049 0.19003587]]
[1 2 3 4 5]
[0 0 0 0 0]
```

③ 请输入以下代码并运行，查看结果。

```
# 查询 Ndarray 属性
a=np.array([[1,2,3],[4,5,6]])
print('dim:', a.ndim)
print('shape:', a.shape)
print('size:', a.size)
print('dtype:', a.dtype)
```

运行结果：

```
dim: 2
shape: (2, 3)
size: 6
dtype: int32
```

④ 请输入以下代码并运行，查看结果。

```
# 改变 Ndarray 数组维度
a=np.array([[1,2,3],[4,5,6]])
print("改变前：")
print(a)
b=a.reshape((3,2))
print("改变后：")
print(b)
c=a.resize((3,2))
print("看看 c：")
print(c)
print("看看 a：")
print(a)
print("躺平后：")
b=a.flatten()
print(b)
```

运行结果：

```
改变前：
[[1 2 3]
 [4 5 6]]
改变后：
[[1 2]
 [3 4]
 [5 6]]
看看 c：
None
看看 a：
[[1 2]
 [3 4]
 [5 6]]
躺平后：
[1 2 3 4 5 6]
```

⑤ 请输入以下代码并运行，查看结果。

```
b=np.array([1,2])
print(b.dtype)
b=np.array([1.0,2.0])
print(b.dtype)
b=np.array([1,2],dtype=np.int64)
print(b.dtype)
b=np.array([1+1j,2+2j,3+3j])
print(b.dtype)
b=np.array([True,False,True])
print(b.dtype)
```

运行结果：

```
int32
float64
int64
complex128
bool
```

⑥ 请输入以下代码并运行，查看结果。

```
#ndarray下标方式存取数据
a=np.arange(8)
print(a)
print(a[4])
print(a[2:5])
a[3:5]=103, 104
print(a)
```

运行结果：

```
[0 1 2 3 4 5 6 7]
4
[2 3 4]
[  0   1   2 103 104   5   6   7]
```

⑦ 请输入以下代码并运行，查看结果。

```
#整数序列方式存取数据
a=np.arange(8)
b=a[np.array([3,-1,3,6])]
print(b)
b[2]=102
print(b)
print(a)
```

运行结果：

```
[3 7 3 6]
[  3   7 102   6]
[0 1 2 3 4 5 6 7]
```

⑧ 请输入以下代码并运行，查看结果。

```
#布尔数组方式存取数据
a=np.arange(1,10,2)
print(a)
a[np.array([True, False, True, False, False])]
print(np.array([1,5]))
b=[True, False, True, False, False]
print(a[b])
a[np.array([True, False, True, True, False])]=-1,-2,-3
print(a)
```

运行结果：

```
[1 3 5 7 9]
[1 5]
[1 5]
[-1  3 -2 -3  9]
```

⑨ 请输入以下代码并运行，查看结果。

```
#数组的运算
a=np.arange(1,6)
print(a)
```

```
print(a+1)
print(a-1)
print(a*2)
print(a/2)
```

运行结果：

```
[1 2 3 4 5]
[2 3 4 5 6]
[0 1 2 3 4]
[ 2  4  6  8 10]
[0.5 1.  1.5 2.  2.5]
```

⑩ 请输入以下代码并运行，查看结果。

```
a=np.array([(1,2,3),(1,2,3)])
b=np.array([(1,1,1),(2,2,2)])
print(a+b)
print(a-b)
print(a*b)
print(a/b)
```

运行结果：

```
[[2 3 4]
 [3 4 5]]
[[ 0  1  2]
 [-1  0  1]]
[[1 2 3]
 [2 4 6]]
[[1.  2.  3. ]
 [0.5 1.  1.5]]
```

⑪ 请输入以下代码并运行，查看结果。

```
a=np.array([(1,2,3),(4,5,6)])
b=np.array([(1,2),(3,4),(5,6)])
np.dot(a,b)
```

运行结果：

```
array([[22, 28],
       [49, 64]])
```

⑫ 请输入以下代码并运行，查看结果。

```
a=np.array([(1,2,3),(4,5,6)])
print(a.min())
print(a.max())
print(a.sum())
print(a.sum(axis=0))
print(a.sum(axis=1))
print(np.array([6, 15]))
print(a.mean())
print(a.std())
print(a.T)
```

运行结果：

```
1
6
21
[5 7 9]
[ 6 15]
[ 6 15]
3.5
1.707825127659933
[[1 4]
 [2 5]
 [3 6]]
```

⑬ 请输入以下代码并运行，查看结果。

```
#ufunc 函数用例
a=np.arange(1,11)
b=np.arange(2,12)
c=np.add(a,b)
print(c)
print(np.negative(a,b))
a=np.array([1,2,3])
b=np.array([(1,2,3),(4,5,6)])
print(np.add(a,b))
print(np.multiply(a,b))
print(np.divide(a,b))
```

运行结果：

```
[ 3  5  7  9 11 13 15 17 19 21]
[ -1  -2  -3  -4  -5  -6  -7  -8  -9 -10]
[[2 4 6]
 [5 7 9]]
[[ 1  4  9]
 [ 4 10 18]]
[[1.   1.   1.  ]
 [0.25 0.4  0.5 ]]
```

⑭ 请输入以下代码并运行，查看结果。

```
import numpy as np
a=np.arange(1,13)
a.reshape(3,4)
np.save("a.npy", a)
b=np.load("a.npy")
print(b)
```

运行结果：

```
[ 1  2  3  4  5  6  7  8  9 10 11 12]
```

⑮ 请输入以下代码并运行，查看结果。

```
# 将多个数组存储为 .npy 格式文件
a=np.array([(1,2,3),(4,5,6)])
b=np.arange(1,11,1)
c=np.cos(b)
np.savez("data.npz",a,b,c)
```

```
r=np.load("data.npz",)
print(r["arr_0"])
print(r["arr_1"])
print(r["arr_2"])
```

运行结果：

```
[[1 2 3]
 [4 5 6]]
[ 1  2  3  4  5  6  7  8  9 10]
[ 0.54030231 -0.41614684 -0.9899925  -0.65364362  0.28366219  0.96017029
  0.75390225 -0.14550003 -0.91113026 -0.83907153]
```

⑯ 请输入以下代码并运行，查看结果。

```
np.savez("data.npz",a,b,cos_c=c)
r=np.load("data.npz")
print(r["cos_c"])
```

运行结果：

```
[ 0.54030231 -0.41614684 -0.9899925  -0.65364362  0.28366219  0.96017029
  0.75390225 -0.14550003 -0.91113026 -0.83907153]
```

⑰ 请输入以下代码并运行，查看结果。

```
a=np.arange(1,11,1).reshape(2,5)
np.savetxt("a.txt",a)
np.loadtxt("a.txt")
np.loadtxt("a.txt",dtype=np.int)
```

运行结果：

```
array([[ 1,  2,  3,  4,  5],
       [ 6,  7,  8,  9, 10]])
```

2. SciPy library

① 请输入以下代码并运行，查看结果。

```
# 运用SciPy.optimize模块中leastsq()函数实现最小二乘拟合
import numpy as np
from pylab import *
from scipy.optimize import leastsq
# 目标方程
def real_func(x):
    return np.sin(2*np.pi*x)
def fit_func(p, x):
    f=np.poly1d(p)                # poly1d用于生成多项式,p表示多项式参数
    return f(x)
# 误差函数,即拟合曲线值与真实曲线值的差值
def error_func(p, y ,x):
    ret=fit_func(p, x)-y
    return ret
x=np.linspace(0, 1, 9)
x_point=np.linspace(0, 1, 1000)
```

```
# 真实函数值
y1=[np.random.normal(0, 0.1)+y for y in real_func(x)]
                                    # 添加噪声后的数据点
n=9
p_init=np.random.randn(n)           # 随机初始化参数
plsq=leastsq(error_func, p_init, args=(y1, x))
                                    # 利用 leastsq 拟合已知数据点
plt.plot(x_point, fit_func(plsq[0], x_point), label='fitted curve')
                                    # 画出曲线
plt.plot(x, y1, 'bo', label='with noise')  # 画出噪声数据
plt.legend()
plt.show()
```

运行结果如图 9.1 所示。

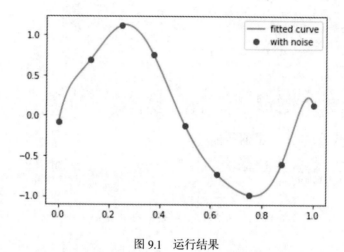

图 9.1　运行结果

"with noise"是增加了部分随机噪声的数据；"fitted curve"是根据噪声数据拟合后的曲线。
② 请输入以下代码并运行，查看结果。

```
#fsolve() 函数求解非线性方程组
from scipy.optimize import fsolve
import numpy as np
from math import sin,cos
def f(x):
    x0=float(x[0])
    x1=float(x[1])
    x2=float(x[2])
    return[10*x1+3,2*x0*x0-2*cos(x1*x2), x1*x2-1.5]
result =fsolve(f, [1,1,1])
print(result)
print(f(result))
```

运行结果：

```
[ 0.26596466 -0.3        -5.        ]
[0.0, 1.8318679906315083e-14, -1.9984014443252818e-15]
```

③ 请输入以下代码并运行，查看结果。

```
# 使用直线和 B-Spline 对正弦波上的点进行插值
```

```python
import numpy as np
from pylab import *
from scipy import interpolate
# 数据点
x=np.linspace(0, 3*np.pi+np.pi/2, 10)
y=np.sin(x)
# 插值
x_new=np.linspace(0, 3*np.pi+np.pi/2, 50)
f_linear=interpolate.interp1d(x, y, kind='linear')
tck=interpolate.splrep(x, y)
y_bspline=interpolate.splev(x_new, tck)   # 计算各个取样点的插值结果
plt.plot(x, y, "o",label="original data")
plt.plot(x_new, f_linear(x_new), label="linear interpolation")
plt.plot(x_new, y_bspline, label="B-spline interpolation")
plt.legend()
plt.show()
```

运行结果如图 9.2 所示。

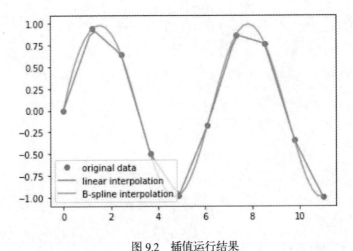

图 9.2 插值运行结果

④ 请输入以下代码并运行，查看结果。

```
# 假设函数为 f(x)=x+1, 求积分上下限为 [3,9] 的积分结果
from scipy import integrate
def f(x):
    return x+1
v,err=integrate.quad(f,3,9)
print(v)
print(err)
```

运行结果：

```
42.0
4.662936703425657e-13
```

⑤ 请输入以下代码并运行，查看结果。

```
# 已知上下限, 使用 dblquad() 函数求二重积分函数
from math import sin
from scipy import integrate
```

```
import numpy as np
def f(x,y):
    return x*x*sin(y)
def h(x):
    return x
v,err=integrate.dblquad(f,-1,1,lambda x:-1,h)
print(v)
print(err)
```

运行结果：

```
0.1180657166113394
6.170427848372183e-15
```

⑥ 请输入以下代码并运行，查看结果。

```
#用tplquad()函数求解三重积分
from scipy import integrate
from math import sin
import numpy as np
f=lambda x,y,z:x
g=lambda x:-1
h=lambda x:sin(x)
q=lambda x,y:0
r=lambda x,y:1-x-y
v,err=integrate.tplquad(f,-1,1,g,h,q,r)
print(v)
print(err)
```

运行结果：

```
1.7916536654935735
4.9803877265346305e-14
```

3. Matplotlib

① 请输入以下代码并运行，查看结果。

```
#绘制正弦、余弦曲线
from pylab import *
X=np.linspace(-np.pi,np.pi,256,endpoint=True)
C,S=np.cos(X),np.sin(X)
plt.plot(X,C)                              #绘制余弦曲线
plt.plot(X,S)                              #绘制正弦曲线
plt.show()
```

运行结果如图9.3所示。

② 请输入以下代码并运行，查看结果。

```
#改变图形线型、颜色、宽度、添加轴标题、图注等信息
import numpy as np
from pylab import *
X=np.linspace(-np.pi,np.pi,256,endpoint=True)
S,C=np.sin(X),np.cos(X)
plt.figure()
plot(X,S,color="blue",linewidth=3.0,linestyle="dashed")
plot(X,C,color="green",linewidth=3.0,linestyle="dotted")
```

```
xlim(-4.0,4.0)
xticks(np.linspace(-4,4,9,endpoint=True))
ylim(-1,1)
yticks(np.linspace(-1,1,5,endpoint=True))
plt.title("demo")
plt.xlabel("x axis caption")
plt.ylabel("y axis caption")
plt.show()
```

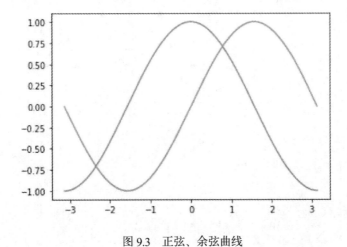

图 9.3　正弦、余弦曲线

运行结果如图 9.4 所示。

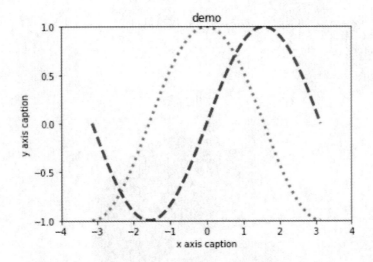

图 9.4　修饰过的正弦、余弦曲线

③ 请输入以下代码并运行，查看结果。

```
# 函数 scatter(x,y,s,marker) 用于绘制散点图
import numpy as np
import matplotlib.pyplot as plt
plt.scatter(range(200), np.random.random(200))
plt.show()
```

运行结果如图9.5所示。

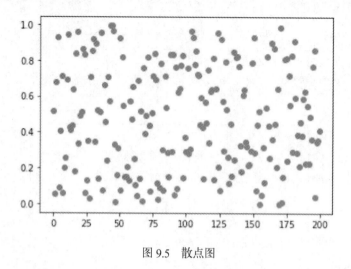

图9.5 散点图

④ 请输入以下代码并运行，查看结果。

```
#绘制饼状图
from matplotlib import pyplot as plt
plt.rcParams['font.sans-serif']=['SimHei']
labels=['餐饮美食','服饰美容','生活日用','充值缴费','交通出行','图书教育','其他']
x=[3.8,2.3,39.8,35.5,7.2,4.2,7.2]
explode=(0,0,0.1,0,0,0,0)
plt.pie(x,explode=explode,labels=labels,autopct='%1.1f%%',startangle=150)
plt.title("支出饼状图")
plt.show()
```

运行结果如图9.6所示。

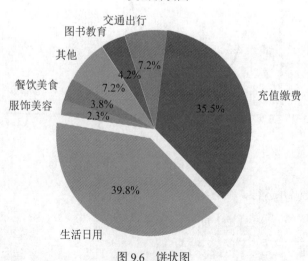

图9.6 饼状图

⑤ 请输入以下代码并运行,查看结果。

```
# 绘制条形图
import matplotlib.pyplot as plt
plt.rcParams['font.sans-serif']=['SimHei']
x=[0,1,2,3,4,5,6]
y=[3.8,2.3,39.8,35.5,7.2,4.2,7.2]
bar_labels=['餐饮美食','服饰美容','生活日用','充值缴费','交通出行','图书教育','其他']
x_pos=list(range(len(bar_labels)))
plt.bar(x, y, align='center')
plt.ylabel('各项占比 (%)')
plt.xticks(x_pos, bar_labels)
plt.title('7月份支出条形图')
plt.show()
```

运行结果如图 9.7 所示。

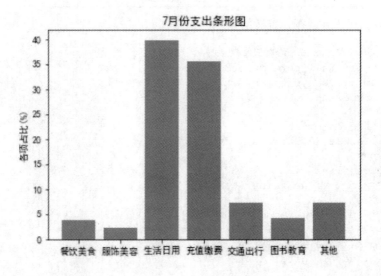

图 9.7 条形图

⑥ 请输入以下代码并运行,查看结果。

```
# 随机生成 100 个样本数据并绘制三维散点图
from mpl_toolkits.mplot3d import *
import matplotlib.pyplot as plt
import numpy as np
fig=plt.figure()
ax=fig.add_subplot(projection='3d')
zdata=15*np.random.random(100)
xdata=np.sin(zdata)+0.1*np.random.randn(100)
ydata=np.cos(zdata)+0.1*np.random.randn(100)
ax.scatter(xdata, ydata, zdata,c='r')
plt.show()
```

运行结果如图 9.8 所示。

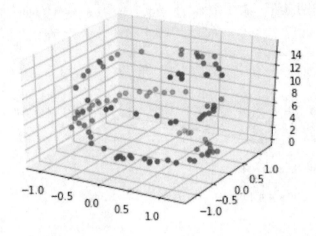

图 9.8 三维散点图

⑦ 请输入以下代码并运行，查看结果。

```
# 随机生成 100 个样本数据并绘制三维散点图
from mpl_toolkits import mplot3d
import matplotlib.pyplot as plt
import numpy as np
# 绘制三维曲线
ax=plt.axes(projection='3d')
zline=np.linspace(0,20,1000)
xline=np.sin(zline)
yline=np.cos(zline)
ax.plot3D(xline,yline,zline,'gray')
# 绘制三维数据点
zdata=15 * np.random.random(100)
xdata=np.sin(zdata) + 0.1 * np.random.randn(100)
ydata=np.cos(zdata) + 0.1 * np.random.randn(100)
ax.scatter(xdata, ydata, zdata,c='r')
plt.show()
```

运行结果如图 9.9 所示。

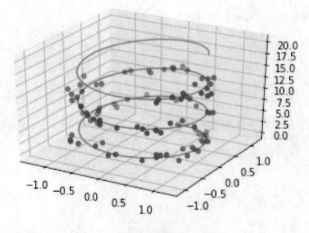

图 9.9 三维散点图

⑧ 请输入以下代码并运行，查看结果。

```
# 随机生成100个样本数据并绘制三维散点图
from mpl_toolkits import mplot3d
import matplotlib.pyplot as plt
import numpy as np
def f(x, y):
    return np.sin(np.sqrt(x**2 + y**2))
x=np.linspace(-5,5,50)
y=np.linspace(-5,5,50)
X, Y=np.meshgrid(x, y)
Z=f(X,Y)
a=plt.axes(projection='3d')
a.plot_surface(X, Y, Z,rstride=1, cstride=1, cmap='viridis')
a.set_title('surface')
plt.show()
```

运行结果如图9.10所示。

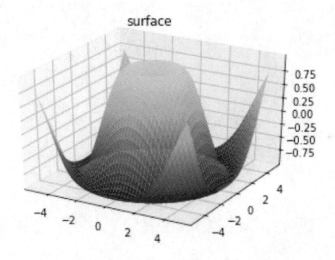

图9.10 三维散点图

4. Pandas

① 请输入以下代码并运行，查看结果。

```
import pandas as pd
import numpy as np
s=pd.Series([1,2,np.nan,'a','b',3,4,5])
print(s)
```

运行结果：

```
0    1
1    2
2    NaN
3    a
4    b
5    3
6    4
```

```
7     5
dtype: object
```

② 请输入以下代码并运行，查看结果。

```
data={'sno':['182202001','182202002','182202003'],'name':['Tom','Andy',
'Ben']}
data_DF=pd.DataFrame(data)
print(data_DF)
```

运行结果：

```
        sno    name
0  182202001    Tom
1  182202002   Andy
2  182202003    Ben
```

③ 请输入以下代码并运行，查看结果。

```
data=np.array([('182202001','Tom'),('182202002','Andy'),('182202003',
'Ben')])
data_df=pd.DataFrame(data,index=range(1,4),columns=['sno','name'])
print(data_df)
```

运行结果：

```
        sno    name
1  182202001    Tom
2  182202002   Andy
3  182202003    Ben
```

④ 请输入以下代码并运行，查看结果。

```
# 加载 CSV 文件
a=pd.DataFrame(np.random.randn(8,5),columns=['a','b','c','d','e'])
a.to_csv('data.csv')
a=pd.read_csv('data.csv')
print(a)
```

运行结果：

```
   Unnamed: 0         a         b         c         d         e
0           0  0.907567 -1.488811  2.202638 -1.100070  0.689939
1           1  0.154549  1.454796  0.668243 -2.124736 -1.832156
2           2 -1.619365 -0.589791  0.779695 -1.682520  1.009069
3           3 -0.047823 -0.088750  0.621232  0.291654 -0.504838
4           4  1.180183  0.768856 -0.915294  2.578116 -0.978463
5           5  0.487622 -2.159490 -2.716440  0.599444  2.247858
6           6 -0.788734 -1.134829  0.136196  1.116673 -0.399649
7           7 -1.334086  0.483788 -0.972906 -0.528316  1.230843
```

⑤ 请输入以下代码并运行，查看结果。

```
s=pd.Series([1,2,'a','b'])
print(s.index)
print(s[3])
s[3]=3
print(s)
```

运行结果：

```
RangeIndex(start=0, stop=4, step=1)
b
0    1
1    2
2    a
3    3
dtype: object
```

⑥ 请输入以下代码并运行，查看结果。

```
data=np.array([('182202001','Tom'),('182202002','Andy'),('182202003','Ben')])
data=pd.DataFrame(data,index=range(1,4),columns=['sno','name'])
print(data.index)
print(data.columns)
print(data.values)
```

运行结果：

```
RangeIndex(start=1, stop=4, step=1)
Index(['sno', 'name'], dtype='object')
[['182202001' 'Tom']
 ['182202002' 'Andy']
 ['182202003' 'Ben']]
```

⑦ 请输入以下代码并运行，查看结果。

```
#利用索引查找并修改DataFrame中的对象
columns_change=['name','sno']
data_change=data.reindex(columns=columns_change)
print(data_change)
print(data[0:2])
print(data.loc[0:1,['name','sno']])
print(data.iloc[[0,2],[1]])
```

运行结果：

```
    name        sno
1   Tom     182202001
2   Andy    182202002
3   Ben     182202003
    sno         name
1   182202001   Tom
2   182202002   Andy
    name        sno
1   Tom     182202001
    name
1   Tom
3   Ben
```

⑧ 请输入以下代码并运行，查看结果。

```
#连接（joint）
a=pd.DataFrame(np.random.randn(5,5))
print('a:')
```

```
print(a)
b=pd.DataFrame(np.random.randn(2,5))
print('b:')
print(b)
pieces=[a,b]
print('a和b连接：')
print(pd.concat(pieces))
```

运行结果：

```
a:
          0         1         2         3         4
0 -1.520323 -0.479795 -2.591773 -0.180797 -0.780125
1  1.045275 -0.311297 -0.749774 -0.090966  0.071596
2  0.493444 -0.274520  0.538736 -1.464212 -0.620801
3  0.850231  1.843569 -0.628793  0.612505 -1.617291
4 -0.377197  0.601552  1.663773  0.750615 -0.804022
b:
          0         1         2         3         4
0 -0.079016  0.277138 -0.653717 -0.293130 -0.665757
1  0.003845 -1.035589 -0.506403  2.067562  0.351199
a和b连接：
          0         1         2         3         4
0 -1.520323 -0.479795 -2.591773 -0.180797 -0.780125
1  1.045275 -0.311297 -0.749774 -0.090966  0.071596
2  0.493444 -0.274520  0.538736 -1.464212 -0.620801
3  0.850231  1.843569 -0.628793  0.612505 -1.617291
4 -0.377197  0.601552  1.663773  0.750615 -0.804022
0 -0.079016  0.277138 -0.653717 -0.293130 -0.665757
1  0.003845 -1.035589 -0.506403  2.067562  0.351199
```

⑨ 请输入以下代码并运行，查看结果。

```
#合并
a=pd.DataFrame({'sno':['182202001','182202002','182202003'],'name':['Tom',
'Andy','Ben']})
b=pd.DataFrame({'sno':['182202001','182202002','182202003'],'sex':['m',
'f','m']})
print(pd.merge(a,b,on='sno'))
```

运行结果：

```
        sno     name  sex
0  182202001    Tom    m
1  182202002    Andy   f
2  182202003    Ben    m
```

5. Statistics

① 请输入以下代码并运行，查看结果。

```
#平均数、调和平均数、众数、中位数
import numpy as np
import statistics
data=[1,2,2,3,4,5,6,10]
print("均值:",statistics.mean(data))
print("调和平均数:",statistics.harmonic_mean(data))
print("众数:",statistics.mode(data))
```

```
print(" 中位数:",statistics.mode(data))
print(" 较小的中位数:",statistics.median_low(data))
print(" 较大的中位数 ",statistics.median_high(data))
print(" 分组数据的中位数-间隔为 1:",statistics.median_grouped(data,interval=1))
print("** 分组数据的中位数-间隔为 2**",statistics.median_grouped(data,interval=2))
print("** 分组数据的中位数-间隔为 3**",statistics.median_grouped(data,interval=3))
```

运行结果:

```
均值:4.125
调和平均数:2.622950819672131
众数:2
中位数:2
较小的中位数:3
较大的中位数 4
分组数据的中位数-间隔为 1:3.5
** 分组数据的中位数-间隔为 2** 3.0
** 分组数据的中位数-间隔为 3** 2.5
```

② 请输入以下代码并运行,查看结果。

```
# 方差和标准差
import numpy as np
import statistics
data=np.random.randn(100)
print(' 总体标准差:',statistics.pstdev(data))
print(' 总体方差:',statistics.pvariance(data))
print(' 样本标准差:',statistics.stdev(data))
print(' 样本方差:',statistics.variance(data))
```

运行结果:

```
总体标准差: 1.072487668127697
总体方差: 1.150229798285985
样本标准差: 1.0778906628675073
样本方差: 1.1618482810969546
```

综合训练

1. 以下选项中关于 SciPy 生态系统的叙述错误的是_____。
   A．SciPy 是 Python 中著名的基于 Python 的软件生态系统,它包含 NumPy 和 pandas 等,是科学计算与数据分析的利器
   B．ndarray 是 NumPy 中的重要数据结构
   C．pandas 中的 Series 是一种二维表型的数据结构
   D．Matplotlib 是 Python 著名的绘图库,有方便快捷的绘图模块

分析:

pandas 的两大主要数据结构 Series 和 DateFrame,其中 Series 是带标签的一维数组,可存储整数、浮点数、字符串、Python 对象等类型的数据。轴标签统称为索引,它由两部分组成。values: 一组数据 (ndarray 类型); index: 相关的数据索引标签。因此选项 C 是错误的。

2. numpy.array() 函数可以用来创建 N 维数组，执行如下代码，以下选项中关于执行结果的说法中正确的是_____。

```
a=np.array([1,2,3])
b=np.array([[1,2,3], [4,5,6]])
print(a+b)
```

A．程序执行结果是 array([[2, 4, 6],
　　　　　　　　　　　　[5, 7, 9]])

B．程序执行结果是 array([[2, 4, 6],
　　　　　　　　　　　　[4, 5, 6]])

C．程序执行结果是 array([[1, 2, 3],
　　　　　　　　　　　　[5, 7, 9]])

D．程序不能正确执行

> 分析：a 是一维数组，b 是二维数组，将 a 进行水平复制扩充成 [[1,2,3], [1,2,3]]，然后再与 b 相加，因此正确答案是 A。

3. 读取成绩数据，计算总分并统计其中数学与语文成绩均大于或等于 90 的学生每门课程（包括总分）的成绩（结果按总分从小到大排序），将结果输出至文件 result.csv 中并绘制图 9.11 所示的满足条件的学生成绩柱状图。

【测试数据与运行结果】

```
score.csv 内容：
Name,Chinese,Maths,English
Chen,88,87,85
Fang,93,88,90
Wang,82,99,96
Peng,97,94,84
Ding,97,94,76
result.csv 内容和柱状图：
Name,Chinese,Maths,English,total
Ding,97,94,76,267
Peng,97,94,84,275
```

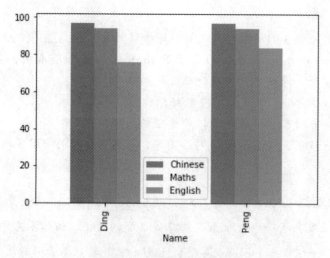

图 9.11　学生成绩柱状图

【待完善的代码】

```
import _____
df=pd.read_csv('score.csv',index_col='Name')
df['total']=df.Maths+df.Chinese+df.English
data=_____
data=data.sort_values(by='total')
data.to_csv('result.csv')
data_copy=data.drop('total', axis=1)
data_copy._____(kind='bar')
```

【答案】

```
pandas as pd
df[(df.Maths>=90)&(df.Chinese>=90)]
plot
```

实验思考题

1. 利用 zeros()、ones() 函数创建一个长度为 20 的一维 ndarray 对象，要求前 5 个数据为 0，中间 10 个数据全 1，最后 5 个数据为 10。

2. 已知函数 $y = x^2 + \cos(x)$，其中，x 取值范围 [-2,2]，利用 optimize() 函数求函数的最小值。

3. 利用 Matplotlib 包作图，绘制 tan(x) 图像，其中 x 取值范围 (-π, π)。要求用蓝色点绘制图像，同时需要为图添加轴注释、图注信息。

4. 利用 NumPy 包随机生成大小为 10 的数组，求该数组中平均值、中位数、众数、方差和标准差。

5. 求解非线性方程组。

$$\begin{cases} x_1^3 - x_0 - 1 = 0 \\ x_0 - \cos x_2 = 0 \\ x_1 \times x_2 - 5 = 0 \end{cases}$$

6. 假设学生成绩如表 9.1 所示，请添加一列总分（sum_score），并分别按照数学、英语、语文成绩排序。

表 9.1 学生成绩表

Sno	name	math	English	Chinese
182202001	Tom	79	90	90
182202002	Andy	85	85	90
182202003	Ben	84	99	85
182202004	Bill	98	95	80

第 10 章

Python 综合应用

本章实验介绍中文词云、网络爬虫、股票预测、人脸检测、聚类应用等应用实例，学习利用 Python 第三方库，解决实际应用问题。

实验 10.1 中文词云

实验目的

- 熟悉 jieba 库的使用。
- 熟悉 Wouldcloud 库的使用。
- 掌握中文词云构造的基本方法。

预备知识

"词云"就是通过形成"关键词云层"或者"关键词渲染"等效果，对文本中出现频率较高的"关键词"在视觉上进行突出显示。词云图过滤掉大量的文本信息，使浏览者可以通过词云图领略文本的主旨。

1. jieba 库简介

jieba 库是 Python 中一个重要的第三方中文分词函数库，需要用户自行安装（参考前面的实验，可通过 pip 命令进行安装）。

jieba 库的分词原理是利用一个中文词库，将待分词的内容与分词词库进行比对，通过图结构和动态规划方法找到最大概率的词组；除此之外，jieba 库还提供了增加自定义中文单词的功能。

jieba 库支持 3 种分词模式：

- 精确模式：将句子最精确地切开，适合文本分析。
- 全模式：将句子中所有可以成词的词语都扫描出来，速度非常快，但是不能消除歧义。
- 搜索引擎模式：在精确模式的基础上，对长分词再次切分，提高召回率，适合搜索引擎分词。

常用的 jieba 库函数如表 10.1 所示。

表 10.1　常见 jieba 库函数

模式	函数	说明
精确模式	cut(s)	返回一个可迭代数据类型
	lcut(s)	返回一个列表类型（建议使用）
全模式	cut(s,cut_all=True)	输出 s 中所有可能的分词
	lcut(s,cut_all=True)	返回一个列表类型（建议使用）
搜索引擎模式	cut_for_search(s)	适合搜索引擎建立索引的分词结果
	lcut_for_search(s)	返回一个列表类型（建议使用）
自定义新词	add_word(w)	向分词词典中增加新词 w

2. wordcloud 库简介

wordcloud 是优秀的词云展示第三方库，以词语为基本单位，通过图形可视化的方式，更加直观和艺术地展示文本。

wordcloud 库把词云当作一个 WordCloud 对象，wordcloud.WordCloud() 代表一个文本对应的词云。可以根据文本中词语出现的频率等参数绘制词云的形状、尺寸和颜色。

生成词云的常规方法是以 WordCloud 对象为基础，配置参数、加载文本、输出文件。

配置参数的基本方法为 w= wordcloud.WordCloud(< 参数 >)，配置参数的说明如表 10.2 所示。

表 10.2　配置参数说明

参数	描述
width	指定词云对象生成图片的宽度，默认 400 像素
height	指定词云对象生成图片的高度，默认 200 像素
min_font_size	指定词云中字体的最小字号，默认 4 号
max_font_size	指定词云中字体的最大字号，根据高度自动调节
font_step	指定词云中字体字号的步进间隔，默认为 1
font_path	指定字体文件的路径，默认 None
max_words	指定词云显示的最大单词数量，默认 200
stop_words	指定词云的排除词列表，即不显示的单词列表
mask	指定词云形状，默认为长方形，需要引用 imread() 函数
background_color	指定词云图片的背景颜色，默认为黑色

加载文本和输出词云图像的方法如表 10.3 所示。

表 10.3　词云生成基本方法

方法	描述
w.generate()	向 WordCloud 对象中加载文本
w.to_file(filename)	将词云输出为图像文件

实验内容

本实验的内容是通过 jieba 库和 wordcloud 库，实现对中文文本（计算机相关岗位需求文本）分词并生成词云。

实验步骤：

① 须提前安装好 jieba 库和 wordcloud 库（可使用 Anaconda 集成开发环境，自带常用的第三方库）。

② 准备好需要分词生成词云的素材文本，将其和词云生成程序放在同一目录下。

③ 编写相应的代码：

```
import jieba
import wordcloud

f=open("岗位需求.txt","r",encoding="utf-8")
text_c=f.read()
words=jieba.lcut(text_c)                    #返回一个列表类型
text_c_new=' '.join(words)
w=wordcloud.WordCloud(font_path="STHUPO.TTF",background_color="white")
w.generate(text_c_new)                      #加载文本
w.to_file("test.png")                       #输出词云图片
```

程序运行后生成的词云效果如图 10.1 所示。

图 10.1　生成词云效果图

> 拓展：更换素材文件中的其他文本文件，修改词云的 background_color="red"，运行程序查看效果。

实验思考题

1. 词云图片的默认形状是矩形，我们可否自定义词云的形状，让显示效果更加出彩呢？

实验步骤：

修改代码如下：

```
import jieba
import wordcloud
import numpy as np
from PIL import Image            # PIL 是 Python 的图像处理标准库
```

```
f=open("岗位需求.txt", "r", encoding="utf-8")
text_c =f.read()
words=jieba.lcut(text_c)                    #返回一个列表类型
text_c_new=' '.join(words)
img=Image.open("1.jpg", "r")
img_array=np.array(img)
w=wordcloud.WordCloud(font_path="STHUPO.TTF",background_color="white",
mask=img_array)                             #mask=img_array指定词云形状为素材图片
w.generate(text_c_new)                      #加载文本
w.to_file("test.png")                       #输出词云图片
```

程序运行后生成的词云效果如图 10.2 所示。

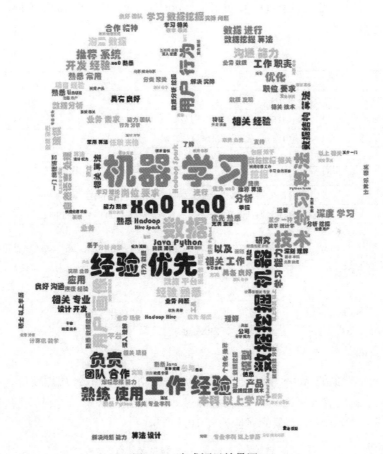

图 10.2　生成词云效果图

2．更换素材文件中的其他原始图片（也可以在网上查找自己喜欢的图片作为词云生成图片形状），运行程序查看效果。

实验 10.2　网络爬虫

实验目的

- 熟悉 Requests 库的使用。

- 熟悉 BeautifulSoup 库的使用。
- 熟悉 re 库的使用。
- 学会简单网络爬虫网页及解析的方法。

1. requests 库

Python 的第三方 requests 库提供了比标准库 urllib 更简洁的网页内容的读取功能，是常见的网络爬虫工具之一。requests 库提供了 7 个主要方法，以实现与 Html 网页进行交互，其中 request() 方法是基础方法，其他 get()、head()、post()、put()、pathch()、delete() 方法均由其构造而成，如表 10.4 所示。

表 10.4 Requests 库的 7 个主要方法

方　　法	说　　明
requests.request()	基础方法，可构造以下各方法
requests.get()	获取 HTML 网页的方法，对应于 HTTP 的 GET
requests.head()	获取 HTML 网页头信息的方法，对应于 HTTP 的 HEAD
requests.post()	向 HTML 网页提交 POST 请求的方法，对应于 HTTP 的 POST
requests.put()	向 HTML 网页提交 PUT 请求的方法，对应于 HTTP 的 PUT
requests.patch()	向 HTML 网页提交局部修改请求的方法，对应于 HTTP 的 PATCH
requests.delete()	向 HTML 网页提交删除请求的方法，对应于 HTTP 的 DELETE

通过 requests 库的方法请求指定服务器的 URL 资源，请求成功后返回给客户机一个 Response 对象，如图 10.3 所示。

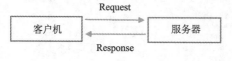

图 10.3 网页爬取过程

通过 Response 对象的 status_code 属性检查是否成功，通过 text 属性获得爬取的网页源代码（文本乱码时，需要修改属性 encoding），通过 content 属性获得二进制形式的网页代码（如图片、视频网页）。Response 对象的属性如表 10.5 所示。

表 10.5 Response 对象的属性

属　　性	说　　明
r.status_code	HTTP 请求的返回状态，200 表示连接成功，404 表示失败
r.text	HTTP 请求的返回内容，即 url 对应页面 HTML 代码
r.encoding	猜测的页面 HTML 代码的编码方式
r.apparent_encoding	从页面内容中分析出的 HTML 代码的编码方式
r.content	HTTP 请求的返回内容的二进制形式

Requests 库的详细使用方法，可以通过官网 http://cn.python-requests.org 获取。

（1）Requests 库安装及导入

在 Windows 操作系统命令提示窗口中（在 Anaconda 中已预装了 Requests 库），执行命令：

```
pip install requests
```

导入 Requests 库，执行语句：

```
>>>import requests
```

（2）Requests 库的使用

网络爬虫主要使用 Requests 库的 get() 方法，其语法格式如下：

```
request.get(url,params=None,**kwargs)
```

其中，url 为网页地址，params 为 url 中额外的参数、字典等，**kwargs 为 12 个控制访问的参数。下面以爬取 http://www.baidu.com 网页内容为例介绍 Requests 库的使用方法。

```
>>> import requests
>>> r=requests.get("http://www.baidu.com")  #爬取百度网页
>>> print(r.status_code)                    #状态码200表示爬取成功
200
>>> r.encoding=r.apparent_encoding   #设置字符编码为分析出的编码，否则汉字是乱码
>>> r.text[:500]
'<!DOCTYPE html>\r\n<!--STATUS OK--><html> <head><meta http-equiv=content-
type content=text/html;charset=utf-8><meta http-equiv=X-UA-Compatible
content=IE=Edge><meta content=always name=referrer><link rel=stylesheet
type=text/css href=http://s1.bdstatic.com/r/www/cache/bdorz/baidu.min.
css><title>百度一下,你就知道</title></head> <body link=#0000cc> <div id=
wrapper> <div id=head> <div class=head_wrapper> <div class=s_form> <div
class=s_form_wrapper> <div id=lg> <img hidefocus=true src=//www.baidu.
com/img/bd_'
```

（3）Robots 协议

Robots 协议是网络爬虫协议，主要用于指导网络爬虫爬取规则，即哪些页面可以爬取，哪些页面不能爬取以及审查 User-Agent 的限制。网站通过发布 Robots 协议告知所有爬虫程序爬取规则，要求爬虫程序遵守，否则可能承担法律风险。

Robots 协议是网络爬虫排除标准，保存在网站根目录下的 robors.txt 文件中。在浏览器中输入百度网站 Robots 协议 http://www.baidu.com/robots.txt，显示如图 10.4 所示。

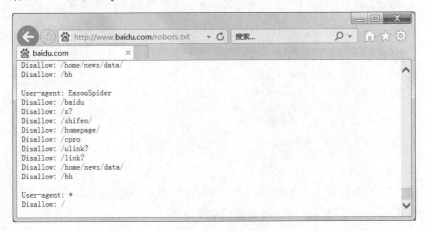

图 10.4　百度 Robots 协议

图中，User-agent：EasouSpider，Disallow:/baidu，表示搜索引擎 EasouSpider 不允许访问

/baidu 目录。User-agent：*，Disallow:/ 表示其他所有搜索引擎不允许访问网站根目录。

2. HTML 格式

网页的源代码采用的是 HTML 格式，HTML 格式网页是由标签树组成。https://python123.io/ws/demo.html 网页及网页的源代码如图 10.5 所示。

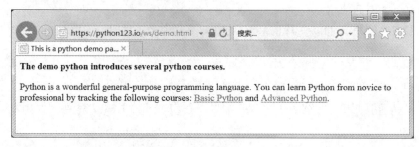

（a）网页示例

（b）网页源代码示例

图 10.5　网页及网页源代码示例

示例网页源代码标签树结构如下：

```
<html>
  <head>
     <title>This is a python demo page</title>
  </head>
  <body>
<p class="title">
  <b>The demo python introduces several python courses.</b>
</p>
     <p class="course">Python is a wonderful general-purpose programming language. You can learn Python from novice to professional by tracking the following courses:
        <a href="http://www.icourse163.org/course/BIT-268001" class="py1" id="link1">Basic Python</a> and
        <a href="http://www.icourse163.org/course/BIT-1001870001" class="py2" id="link2">Advanced Python</a>.
     </p>
  </body>
</html>
```

可以看出，代码中包含大量的标签，如 <html> 标签、标题 <title> 标签、段落 <p> 标签、超链接 <a> 标签等，标签可以嵌套。标签格式如下：

　　　　　< 名称　属性　> 非属性字符串 / 注释　</ 名称 >

例如：

```
<p class="title">
   <b>The demo python introduces several python courses.</b>
</p>
```

表示段落 <p> 标签，其属性 class="title"，包含加粗 <b> 标签，段落字符串为"The demo python introduces several python courses."，网页显示的效果为加粗显示一段文本。

再例如：

```
<a href="http://www.icourse163.org/course/BIT-1001870001" class="py2"
id="link2">Advanced Python</a>.
```

表示超链接 <a> 标签，其属性 href=http://www.icourse163.org/course/BIT-1001870001 表示超链接地址，class="py2" id="link2" 为其另两个属性，字符串"Advanced Python"表示超链接上显示的文本。

利用爬虫工具爬取的实际上是 HTML 网页的源代码，要获取其中的数据，需要对网页进行解析、遍历。BeautifulSoup 库及 re 正则表达式是 Python 中解决这类问题非常有效的工具。

3. BeautifulSoup 库

BeautifulSoup 库是解析 HTML 或 XML 文档的工具，可以通过 BeautifulSoup 官网获取使用说明，地址为 https://www.crummy.com/software/BeautifulSoup/bs4/doc。

(1) BeautifulSoup 库安装及导入

在 Windows 操作系统命令提示窗口中（在 Anaconda 中已预装了 Requests 库），执行命令：

```
pip install beautifulsoup4
```

导入 BeautifulSoup 库，执行语句：

```
>>>from bs4 import BeautifulSoup
```

创建解析 HTML 的 BeautifulSoup 对象，执行语句：

```
>>>soup = BeautifulSoup("<html>data</html>","html.parser")
```

其中，"<html>data</html>" 为 HTML 格式的字符串，更一般的是爬取的网页代码对象。

(2) BeautifulSoup 库的使用

Beautiful Soup 将复杂 HTML 文档转换成一个复杂的树状结构，每个节点都是 Python 对象，所有对象可以归纳为 4 种：Tag、NavigableString、BeautifulSoup、Comment。如表 10.6 所示。

表 10.6 BeautifulSoup 类的对象

对象	说明
Tag	标签，最基本的信息组织单元，分别用 <> 和 </> 标明开头和结尾。Tag 有名字和属性，标签的名字 <tag>.name，标签的属性 <tag>.attrs，以字典形式表示
NavigableString	标签内非属性字符串，格式：<tag>.string
BeautifulSoup	表示一个文档的全部内容，可以把它当作 Tag 对象，它支持遍历文档树和搜索文档树中描述的大部分的方法
Comment	标签内字符串的注释，一种特殊的 Comment 类型

任何标签内容都可以用"<BeautifulSoup 对象 >.tag"形式访问或利用遍历文档树和搜索文档树的方法得到。下面以解析 https://python123.io/ws/demo.html 网页内容为例，介绍

BeautifulSoup 库的使用方法。

利用 requests 库爬取指定 URL 网页：

```
>>>url='https://python123.io/ws/demo.html'
>>>import requests
>>>from bs4 import BeautifulSoup
>>>r=request.get(url)
```

利用 BeautifulSoup 库建立 soup 对象，并获取标签名称、属性及文本内容：

```
>>> soup=BeautifulSoup(r.text,"html.parser")
>>> soup.title                          # 访问标题标签
<title>This is a python demo page</title>
>>> soup.a.name                         # 访问第一个超链接标签的名称
'a'
>>> soup.a.parent.name                  # 访问第一个超链接标签的上级标签的名称
'p'
>>> soup.a.parent.parent.name           # 访问第一个超链接标签的上级的上级标签的名称
'body'
>>> atag=soup.a                         # 访问第一个超链接标签
>>> atag
<a class="py1" href="http://www.icourse163.org/course/BIT-268001" id=
"link1">Basic Python</a>
>>> atag.name                           # 访问第一个超链接标签的名称
'a'
>>> atag.attrs                          # 多个属性，字典类型
{'href': 'http://www.icourse163.org/course/BIT-268001', 'class': ['py1'],
'id': 'link1'}
>>> atag.attrs['class']
['py1']
>>> atag.attrs['href']                  # 获取超链接地址
'http://www.icourse163.org/course/BIT-268001'
>>> type(atag)                          # 数据类型,BeautifulSoup 对象的标签类型
<class 'bs4.element.Tag'>
>>> atag.string                         # 获取标签内非属性字符串
'Basic Python'
>>> type(atag.string)                   # 标签的 NavigableString 对象
<class 'bs4.element.NavigableString'>
>>> soup.p
<p class="title"><b>The demo python introduces several python courses.
</b></p>
>>> soup.p.string
'The demo python introduces several python courses.'
>>> type(soup.p.string)
<class 'bs4.element.NavigableString'>
```

利用 BeautifulSoup 库可以遍历 HTML 所有标签，还可以通过 find()、find_all() 方法快速查找指定标签及其内容：

```
>>> soup.find('a')                      # 获取 HTML 中第一个超链接标签
<a class="py1" href="http://www.icourse163.org/course/BIT-268001" id=
"link1">Basic Python</a>
>>> soup.find_all('a')                  # 获取 HTML 中所有超链接标签列表
[<a class="py1" href="http://www.icourse163.org/course/BIT-268001" id=
"link1">Basic Python</a>, <a class="py2" href="http://www.icourse163.org/
course/BIT-1001870001" id="link2">Advanced Python</a>]
```

```
>>> for link in soup.find_all('a'):    #遍历HTML中所有超链接,输出URL地址
        print(link.get('href'))

http://www.icourse163.org/course/BIT-268001
http://www.icourse163.org/course/BIT-1001870001
```

4. 正则表达式

(1) 正则表达式简介

在进行字符串处理或搜索网页源代码时,常常需要查找某一规则(模式)的字符串,正则表达式就是用来描述这些规则的工具。

如要检索 "PN" "PYN" "PYTN" "PYTHN" "PYTHON" 这类字符串,可以用正则表达式 P(Y|YH|YTH|YTHO)?N 来表示。检索以"PY"开头后续存在不多于10个字符且不能是"P""Y"的字符串,可以用正则表达式 PY[^PY]{0,10} 来表示。正则表达式常用操作符如表 10.7 所示。

表 10.7 正则表达式常用操作符

操作符	说明	实例
.	表示任意单个字符	
[ ]	字符集,对单个字符给出取值范围	[abc] 表示a、b、c,[a-z] 表示a到z之间单个字符
[^]	非字符集,对单个字符给出排除范围	[^abc] 表示非a或b或c的字符
*	前一个字符0次或无限次扩张	abc* 表示 ab、abc、abcc、abccc 等
+	前一个字符1次或无限次扩张	abc+ 表示 abc、abcc、abccc 等
?	前一个字符0次或1次扩张	abc? 表示 ab、abc
|	左右字符串任意一个	abc|def 表示 abc 或 def
{m}	扩张前一个字符 m 次	ab{2}c 表示 abbc
{m,n}	扩张前一个字符 m 至 n 次(含n)	ab{1,2}c 表示 abc 或 abbc
^	匹配字符串开头	^abc 表示 abc 且在一个字符串的开头
$	匹配字符串尾部	abc$ 表示 abc 且在一个字符串的结尾
( )	分组标记,内部只能使用 | 操作符	(abc) 表示 abc,(abc|def) 表示 abc 或 def
\d	数字,等价于[0-9]	
\w	单个字符,等价于[A-Za-z0-9]	

正则表达式实例:

```
    正则表达式              对应字符串
    ^[A-Za-z]+$             由 26 个字母组成的字符串
    ^[A-Za-z0-9]+$          由 26 个字母和数字组成的字符串
    ^-?\d+$                 整数形式的字符串
    ^[0-9]*[1-9][0-9]*$     正整数形式的字符串
    PY{:3}N                 "PN"、"PYN"、"PYYN"、"PYYYN"
```

(2) 正则表达式的使用

正则表达式 re 是 Python 的标准库,主要用于字符串匹配。有 findall()、search()、match()、split() 等函数。使用最多是 findall() 函数,其使用格式为:

```
re.findall(pattern,string)
```

它匹配字符串 string 中满足模式 pattern 的字符串,返回一个列表。pattern 是正则表达式,可以使原生字符串类型,如:

```
re.findall(r'PY{1,3}N','PYYYNPYN')            # 输出 ['PYYYN', 'PYN']
```

或经过 compile() 函数编译成的实例，如：

```
pattern=re.compile('PY{1,3}N')
re.findall(pattern,'PYYYNPYN')                # 输出 ['PYYYN', 'PYN']
```

使用编译成的实例，能提高 findall() 函数的执行效率。Re 库默认采用贪婪匹配，即输出匹配最长的字串。

【例 10.1】给定一段网络爬取的文本 text，利用正则表达式提取商品名称及价格。

```
>>>import re
>>> text='''
"raw_title":"时尚老花双肩包女简约旅行书包防水女士 ", "view_price":"969.00",
"raw_title":"FION/ 菲安妮老花双肩包旅行包  女士印花背包青年防水时尚书包小包 ",
"view_price":"399.00"
"raw_title":"fion 菲安妮 达利兔老花双肩包 女 2021 时尚 ","view_price":"998.00"
'''
>>> plt=re.findall(r'\"view_price\"\:\"[\d\.]*\"',text)
                                                          # 提取商品价格列表
>>> tlt=re.findall(r'\"raw_title\"\:\".*?\"',text)        # 提取商品名称列表
>>> for i in range(len(plt)):
        print(tlt[i].split(':')[1]," 价格 ",eval(plt[i].split(":")[1]))
```

【例 10.2】给定一段网络爬取的文本 text，利用正则表达式提取用户评分。

```
>>>import re
>>>from bs4 import BeautifulSoup
>>> text='''
    <span class="comment-info">
        <a href="https://www.douban.com/people/qianlishuitiany/">菱夏</a>
          <span class="user-stars allstar30 rating" title=" 还行 "></span>
        <span class="comment-time">2015-09-23</span>
    </span>
    <span class="comment-info">
        <a href="https://www.douban.com/people/mayday816/">萌塔 C-137</a>
          <span class="user-stars allstar50 rating" title=" 力荐 "></span>
        <span class="comment-time">2010-04-29</span>
    </span>
    <span class="comment-info">
        <a href="https://www.douban.com/people/tomienn_9crimes/">蛇</a>
          <span class="user-stars allstar40 rating" title=" 推荐 "></span>
        <span class="comment-time">2009-11-25</span>
    </span>
'''
>>> soup= BeautifulSoup(text,"html.parser")
>>> pattern=re.compile('<span class="user-stars allstar(.*?) rating"')
>>> score=re.findall(pattern,text)              # 按 pattern 模式匹配整个字符串，只
                                                # 提取（）中部分字符
>>> user=[]
>>> for tag in soup.find_all('a'):              # 遍历所有超链接标签
        user.append(tag.string)                 # 取超链接标签中的用户名
>>> dict(zip(user,score))
{' 菱夏 ': '30', ' 萌塔 C-137': '50', ' 蛇 ': '40'}
```

 **实验内容**

使用 Python 编写爬虫工具 Requests 库,从当当网搜索页面搜索图书"机器学习",并利用 BeautifulSoup 库解析搜索到的图书的书名、出版社、价格信息。

分析:

1. 获取网页

在浏览器中输入当当网搜索页面 http://search.dangdang.com/,并输入搜索关键词"机器学习",观察地址栏显示内容为 http://search.dangdang.com/?key=机器学习&act=input。表明当当网关键词接口为 http://search.dangdang.com/?key=<关键词>。可以使用如下格式获取网页:

```
kv={'key':'机器学习'}
r=requests.get(http://search.dangdang.com/,params=kv)
html=r.text
```

或:

```
r=requests.get(http://search.dangdang.com/?key='机器学习')
html=r.text
```

2. 解析网页

在当当网输入搜索关键词"机器学习"后,然后选中任意一本图书,右击选择"检查"(IE 浏览器"检查元素")命令,分析源码,如图 10.6 所示。

图 10.6 检查元素

单击 <li> 标签,发现下面还有几个 <p> 标签,且 class 分别为 "name" 和 "price" 等,这些标签下分别存储了商品的书名、价格等信息。进一步分析,每本书对于一个 <li> 标签,它们 class 标签属性分别为 "line1" "line2" "line3" "line4" 等,如图 10.7 所示。

为了获取图书信息的所有 <li class="line1" …>、<li class="line2" …>、<li class="line2" …> 等 <li> 标签,可以使用如下代码:

```
    soup=BeautifulSoup(html, "html.parser")
    soup_book_list= soup.find_all("li",class_=re.compile("line"))
                                        #Re 表达式匹配所有 line1、line2 等
```

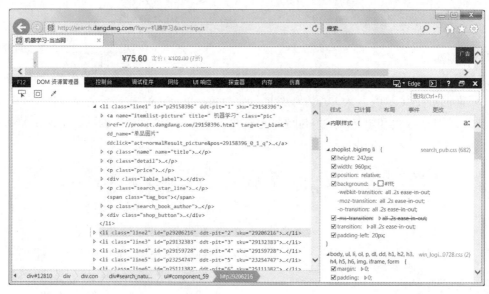

图 10.7　图书 <li> 标签

其中的第一个图书信息的 <li> 标签内容如图 10.8 所示。

```
<li class="line1" ddt-pit="1" id="p29158396">
<a class="pic" dd_name="单品图片" ddclick="act=normalResult_picture&amp;pos=29158396_0_1_q" href="//product.dangdang.com/29158396.html" name="itemlist-picture" target="_blank" title=" 机器学习"><img alt=" 机器学习" src="//img3m6.ddimg.cn/25/28/29158396-1_b_12.jpg"/><p class="cool_label"></p></a><p class="name" name="title"><a dd_name="单品标题" ddclick="act=normalResult_title&amp;pos=29158396_0_1_q" href="//product.dangdang.com/29158396.html" name="itemlist-title" target="_blank" title=" 机器学习 机器学习*修订版！人工智能领域中文的开山之作，大牛周志华教授带你全面揭开机器学习的奥秘。"> <font class="skcolor_ljg">机器学习</font> 机器学习*修订版！人工智能领域中文的开山之作，大牛周志华教授带你全面揭开机器学习的奥秘。</a></p><p class="detail">击败AlphaGo的武林秘籍，赢得人机大战的必由之路。回答了有关机器学习的六大疑问，浅显生动，外行也能读懂。既道出了机器学习的前世今生，又展望了机器学习的未来发展，让道听途说的信息止于智者。</p><p class="price"> <span class="search_now_price">¥75.60</span><a class="search_discount" style="text-decoration:none;">定价：</a><span class="search_pre_price">¥108.00</span><span class="search_discount"> (7折) </span></p><div class="lable_label"><span class="new_lable" y=""></span></div><p class="search_star_line"><span class="search_star_black"><span style="width: 90%;"></span></span><a class="search_comment_num" dd_name="单品评论" ddclick="act=click_review_count&amp;pos=29158396_0_1_q" href="//product.dangdang.com/29158396.html?point=comment_point" name="itemlist-review" target="_blank">3197条评论</a></p><span class="tag_box"></span><p class="search_book_author"><span><a dd_name="单品作者" href="//search.dangdang.com/?key2=周志华&amp;medium=01&amp;category_path=01.00.00.00.00.00" name="itemlist-author" title="周志华">周志华</a></span><span> /2016-01-01</span><span>  /<a dd_name="单品出版社" href="//search.dangdang.com/?key=&amp;key3=%C7%E5%BB%AA%B4%F3%D1%A7%B3%F6%B0%E6%C9%E7&amp;medium=01&amp;category_path=01.00.00.00.00.00" name="P_cbs" title="清华大学出版社">清华大学出版社</a></span><div class="shop_button"><p class="bottom_p"><a class="search_btn_cart" dd_name="加入购物车" ddclick="act=normalResult_addToCart&amp;pos=29158396_0_1_q" href="javascript:AddToShoppingCart(29158396)" name="Buy">加入购物车</a><a class="search_btn_collect" dd_name="加入收藏" ddclick="act=normalResult_favor&amp;pos=29158396_0_1_q" href="javascript:void(0);" id="lcase29158396" name="Sc">收藏</a></p></div> </p></li>
```

图 10.8　<li> 标签内容

包含图书信息的所有 <li> 标签列表 soup_book_list，通过循环语句，分别提取图书的书名、单价及出版社，并添加到列表 blist 中，代码如下：

```
    for num in range(len(soup_book_list)):
        soup_book=soup_book_list[num].find_all('a',dd_name=" 单品标题 ")
        book_name=soup_book[0].attrs['title']
        soup_book_price=soup_book_list[num].find_all('span',class_="search_
now_price")
        book_price=soup_book_price[0].string
        soup_book_publisher=soup_book_list[num].find_all('a',dd_name=" 单品
出版社 ")
        book_publisher=soup_book_publisher[0].attrs['title']
     blist.append([book_name,book_price, book_publisher])
```

完整的程序代码：

```python
#Crawbook.py
import requests
from bs4 import BeautifulSoup
import re
def getHTMLText(url):                                   # 获取url网页的标准自定义函数
    try:
            r=requests.get(url, timeout=30)
            r.raise_for_status()
            r.encoding=r.apparent_encoding
            return r.text
    except:
            return ""

def fillbookList(blist, html):                          # 获取html网页,生成图书信息列表
    soup=BeautifulSoup(html, "html.parser")
    soup_book_list=soup.find_all("li",class_=re.compile("line"))
    for num in range(len(soup_book_list)):
        soup_book=soup_book_list[num].find_all('a',dd_name="单品标题")
        book_name=soup_book[0].attrs['title']
        soup_book_price=soup_book_list[num].find_all('span',class_="search_now_price")
        book_price=soup_book_price[0].string
        soup_book_publisher=soup_book_list[num].find_all('a',dd_name="单品出版社")
        book_publisher=soup_book_publisher[0].attrs['title']
        blist.append([book_name,book_price, book_publisher])

def printbookList(blist, num):                          # 输出图书信息列表
    print("{:^10}\t{:^6}\t{:^10}".format(" 书名 "," 价格 "," 出版社 "))
    for i in range(num):
        u=blist[i]
        print("{:^10}\t{:^6}\t{:^10}".format(u[0],u[1],u[2]))

def main():                                             # 主函数
    binfo=[]
    url='http://search.dangdang.com/?key='+ '机器学习'
    html = getHTMLText(url)
    fillbookList(binfo, html)
    printbookList(binfo, 60)                            # 一页60本
main()
```

程序输出结果,如图10.9所示。

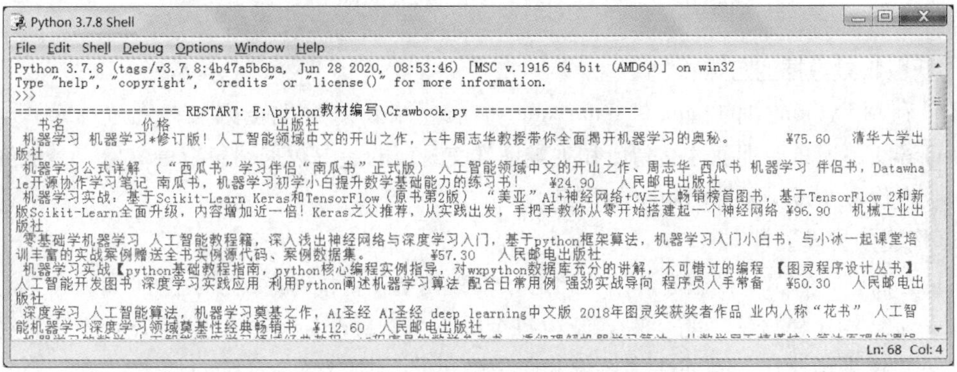

图10.9 程序运行结果

实验思考题

1. 修改程序，将按关键词"机器学习"查询的图书信息保存到 Excel 中。

> 提示：可以使用 pandas 库提供的功能将查询结果保存到 Excel 文件中。

2. 当当网查询结果多页时，观察选择下一页，地址栏的变化情况。修改程序，按关键词"机器学习"查询前 4 页图书信息。

> 提示：将不同页面请求的参数值添加到 URL 中，即可请求相应的页面代码。

3. 参考相关资料，利用 Requests 库下载指定的 URL 的图片文件，保存在本地。

> 提示：将图片的 URL 地址作为 requests 库 get() 函数的参数，将 requests 对象的 content 二进制属性保存到本地图片文件。

实验 10.3 预测股票

实验目的

- 掌握通过 pip 安装扩展库的方法。
- 了解使用 VAR 算法建立预测模型的过程。
- 了解验证模型预测效果的方法。

实验内容

在金融、证券领域，人们希望借助 Python 对股票价格进行预测，期望能低买高卖。首先要获得股票数据，并对这些数据进行预处理。接着使用 VAR 算法建立基础特征、构建预测模型。最后利用新数据来验证模型的预测效果。但要提醒大家，影响股票价格的因素非常多，本实验只考虑了少量几个因素，并不适合用来炒股。

分析：

1. 获取股票数据的方法

可以利用 Python 中的 pandas_datareader 扩展库来获取雅虎金融服务器（yahoofinance）的上海证券交易所、深圳证券交易所和香港证券交易所的股票数据，包括最高价、最低价、开盘价、收盘价以及成交量等历史交易信息。

2. 构建预测模型

向量自回归（VAR）模型是非结构化的多方程模型，直接考虑经济变量时间时序之间的关系，避开了结构建模方法中需要对系统中每个内生变量关于所有内生变量滞后值函数建模的问题，通常用来预测相关时间序列系统和研究随机扰动项对变量系统的动态影响。VAR 模型类似联立方程,将多个变量包含在一个统一的模型中,共同利用多个变量信息,用于预测时能够提供更加贴近现实的预测值。

实验步骤:

1. **使用 pip 安装 pandas_datareader 和 pyecharts**

在 cmd 里输入:

```
pip install pandas_datareader
pip install pyecharts
```

2. **获取股票数据**

以贵州茅台股票(深圳股票交易所编号为 600519)为例,说明 pandas_datareader 库中股票数据的获取方法,代码中对象 data 包含 6 个属性,依次为 Open(开盘价)、High(最高价)、Low(最低价)、Close(收盘价)、Volume(成交量)、AdjClose(复权收盘价),如表 10.8 所示。基于收盘价的重要性,可从收盘价的历史数据中分隔训练集、验证集、测试集,使用适当的特征,建立预测模型,并实施预测。

表 10.8 data 对象示例

日期	最高价	最低价	开盘价	收盘价	成交量	AdjClose
2019/8/1	977	953.02	976.51	959.9	3508952	959.3
2019/8/2	957.98	943	944	954.45	3971940	954.45
2019/8/5	954	940	945	942.43	3677431	942.43
2019/8/6	948	923.8	931	946.3	4399116	946.3
2019/8/7	955.53	945	949.5	945	2686998	945

代码如下:

```
import pandas as pd
import pandas_datareader.data as web
import datetime as dt
data=web.DataReader('600519.ss','yahoo', dt.datetime(2019,8,1),dt.
datetime(2019,8,31))
kldata=data.values[:,[2,3,1,0]]      # 分别对应开盘价、收盘价、最低价和最高价
```

3. **对数据进行预处理**

(1)平稳性检验

只有平稳的时间序列才能够直接建立 VAR 模型,因此在建立 VAR 模型之前,首先要对变量进行平稳性检验。通常可利用序列的自相关分析图来判断时间序列的平稳性,如果序列的自相关系数随着滞后阶数的增加很快趋于 0,即落入随机区间,则序列是平稳的;反之,序列是不平稳的。另外,也可以对序列进行 ADF 检验来判断平稳性。对于不平稳的序列,需要进行差分运算,直到差分后的序列平稳后,才能建立 VAR 模型。此处首先提取用于建立预测模型的基础数据,并对其进行单位根检验。

代码如下:

```
import statsmodels.tsa.stattools as stat
import pandas_datareader.data as web
import datetime as dt
```

```
import pandas as pd
import numpy as np
data=web.DataReader('600519.ss','yahoo', dt.datetime(2014,1,1),dt.
datetime(2019,9,30))
subdata=data.iloc[:-30,:4]
for i in range(4):
    pvalue=stat.adfuller(subdata.values[:,i], 1)[1]
print(" 指标 ",data.columns[i]," 单位根检验的p值为：",pvalue)
```

运行结果：

```
指标   High   单位根检验的p值为： 0.9955202280850401
指标   Low    单位根检验的p值为： 0.9942509439755689
指标   Open   单位根检验的p值为： 0.9938548193990323
指标   Close  单位根检验的p值为： 0.9950049124079876
```

可以看到，p 值都大于 0.01，因此都是不平稳序列。现对 subdata 进行 1 阶差分运算，并再次进行单位根检验，对应的 Python 代码如下：

```
subdata_diff1=subdata.iloc[1:,:].values - subdata.iloc[:-1,:].values
for i in range(4):
    pvalue=stat.adfuller(subdata_diff1[:,i], 1)[1]
print(" 指标 ",data.columns[i]," 单位根检验的p值为：",pvalue)
```

运行结果：

```
指标   High   单位根检验的p值为： 0.0
指标   Low    单位根检验的p值为： 0.0
指标   Open   单位根检验的p值为： 0.0
指标   Close  单位根检验的p值为： 0.0
```

如结果所示，对这 4 个指标的 1 阶差分单独进行单位根检验，其 p 值都不超过 0.01，因此可以认为是平稳的。

(2) VAR 模型定阶

接下来就是为 VAR 模型定阶，可以让阶数从 1 逐渐增加，当 AIC 值尽量小时，可以确定最大滞后期。可以使用最小二乘法求解每个方程的系数，并通过逐渐增加阶数为模型定阶。

代码如下：

```
# 模型阶数从1开始逐一增加
rows, cols=subdata_diff1.shape
aicList=[]
lmList=[]
for p in range(1,11):
    baseData=None
    for i in range(p,rows):
        tmp_list=list(subdata_diff1[i,:])+list(subdata_diff1[i-p:i,:].flatten())
        if baseData is None:
            baseData=[tmp_list]
        else:
            baseData=np.r_[baseData, [tmp_list]]
    X=np.c_[[1]*baseData.shape[0],baseData[:,cols:]]
    Y=baseData[:,0:cols]
    coefMatrix=np.matmul(np.matmul(np.linalg.inv(np.matmul(X.T,X)),X.
```

```
T),Y)
    aic=np.log(np.linalg.det(np.cov(Y - np.matmul(X,coefMatrix),rowvar
=False)))+2*(coefMatrix.shape[0]-1)**2*p/baseData.shape[0]
    aicList.append(aic)
    lmList.append(coefMatrix)
# 对比查看阶数和 AIC
pd.DataFrame({"P":range(1,11),"AIC":aicList})
```

运行结果如图 10.10 所示。

	P	AIC
0	1	13.580154
1	2	13.312222
2	3	13.543630
3	4	14.266084
4	5	15.512435
5	6	17.539046
6	7	20.457337
7	8	24.385458
8	9	29.438090
9	10	35.785908

图 10.10 运行结果

如上述代码所示，当 p=2 时，AIC 值最小为 13.312222。因此 VAR 模型定阶为 2，并可从对象 lmList[1] 中获取各指标对应的线性模型。

4. 预测及效果验证

基于 lmList[1] 中获取各指标对应的线性模型，对未来 30 期的数据进行预测，并与验证数据集进行比较分析，Python 代码如下：

```
p=np.argmin(aicList)+1
n=rows
preddf=None
for i in range(30):
    predData=list(subdata_diff1[n+i-p:n+i].flatten())
    predVals=np.matmul([1]+predData,lmList[p-1])
    # 使用逆差分运算，还原预测值
    predVals=data.iloc[n+i,:].values[:4]+predVals
    if preddf is None:
        preddf=[predVals]
    else:
        preddf=np.r_[preddf, [predVals]]
    # 为 subdata_diff1 增加一条新记录
    subdata_diff1=np.r_[subdata_diff1, [data.iloc[n+i+1,:].values[:4] -
data.iloc[n+i,:].values[:4]]]

# 分析预测残差情况
(np.abs(preddf - data.iloc[-30:data.shape[0],:4])/data.iloc[-30:data.
shape[0],:4]).describe()
```

运行结果如图 10.11 所示。

	High	Low	Open	Close
count	30.000000	30.000000	30.000000	30.000000
mean	0.010060	0.009380	0.005661	0.013739
std	0.008562	0.009968	0.006515	0.013674
min	0.001458	0.000115	0.000114	0.000130
25%	0.004146	0.001950	0.001653	0.002785
50%	0.007166	0.007118	0.002913	0.010414
75%	0.014652	0.012999	0.006933	0.022305
max	0.039191	0.045802	0.024576	0.052800

图 10.11　运行结果

从上述代码可以看出这 4 个指标的最大百分误差率分别为 3.9191%、4.5802%、2.4576%、5.28%，最小百分误差率分别为 0.1458%、0.0115%、0.0114%、0.013%，进一步，绘制二维图表观察预测数据与真实数据的逼近情况，Python 代码如下：

```
import matplotlib.pyplot as plt
plt.figure(figsize=(10,7))
for i in range(4):
    plt.subplot(2,2,i+1)
    plt.plot(range(30),data.iloc[-30:data.shape[0],i].values,'o-',c='black')
    plt.plot(range(30),preddf[:,i],'o--',c='gray')
    plt.ylim(1000,1200)
    plt.ylabel('$'+data.columns[i]+'$')
plt.show()
v = 100*(1 - np.sum(np.abs(preddf - data.iloc[-30:data.shape[0],:4]).values)/np.sum(data.iloc[-30:data.shape[0],:4].values))
print("Evaluation on test data: accuracy = %0.2f%% \n" % v)
# Evaluation on test data: accuracy = 99.03%
```

该预测效果如图 10.12 所示，其中黑色实线为真实数据，灰色虚线为预测数据，使用 VAR 模型进行预测的效果总体还是不错的，平均准确率为 99.03%。针对多元时间序列的情况，VAR 模型不仅考虑了其他指标的滞后影响，计算效率还比较高，从以上代码可以看到，对于模型的拟合，直接使用的最小二乘法，这增加了该模型的适应性。

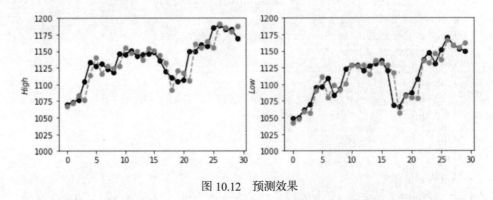

图 10.12　预测效果

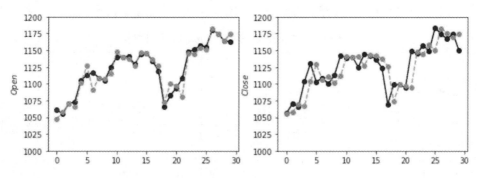

Evaluation on test data: accuracy = 99.03%

图 10.12 预测效果（续）

实验思考题

既然影响股票价格的因素有很多，有没有其他更加有效的预测模型可以帮助人们在买卖股票时提供参考？

实验 10.4 人脸检测

实验目的

- 了解人脸检测的原理与实现。
- 掌握数字图像的存储和表示。
- 掌握 OpenCV 库的安装与使用。

预备知识

1. OpenCV 库

OpenCV 由英特尔的 Gary Bradsky 于 1999 年推出，随后在 2000 年推出正式版。OpenCV 库由一系列 C 函数和少量 C++ 类构成，轻量级而且高效。OpenCV 旨在解决计算机视觉问题，它包含图像处理和计算机视觉方面的很多通用算法，提供了 Python、Ruby、Java、MATLAB 等语言的接口，可广泛应用于计算机视觉领域方向、人机互动、物体识别、图像分割、人脸识别、动作识别、运动跟踪、机器人、运动分析、机器视觉、结构分析、汽车安全驾驶等。

OpenCV 支持各种类型的平台上使用，如 Windows、Linux、OS X、Android 和 iOS 等。

OpenCV Python 是 OpenCV 的 Python API。与 C/C++ 等语言相比，尽管 Python 速度较慢，但是 Python 可以很容易地用 C/C++ 进行扩展。这使我们能够用 C/C++ 编写计算密集型代码，并创建可以用作 Python 模块的 Python 包装器。这种方式有两个优点：第一，代码和原来的 C/C++ 代码一样快（因为它是后台工作的实际 C++ 代码）；其次，Python 比 C/C++ 更容易更快速地进行编码。OpenCV Python 结合了 OpenCV C++ API 和 Python 语言的最佳特性。

在 Python 中，如未安装 OpenCV 库，需要先使用 pip install opencv-python 命令安装，导

入 OpenCV 库使用 import cv2。本次实验中用到的部分 OpenCV 库函数简单介绍如表 10.9 所示。

表 10.9 本次实验使用的 OpenCV 函数列表

cv2.rectangle rectangle(img, pt1, pt2, color) 作用：绘制矩形框 参数：img，绘制图；pt1，矩阵的左上点坐标；pt2，矩阵的右下点坐标；color，画线对应的 rgb 颜色	cv2.imwrite imwrite(filename,img,params=None) 作用：写入图像 参数：filename，写入的文件名；img，待写入的图像；params，特定格式下保存的参数编码，一般情况下为 None
cv2.imread imread(filename,flags=None) 作用：读取图像 参数：filename，读取的图片文件名	cv2.imshow imshow(winname,mat) 作用：创建一个图像窗口 参数：winname，窗口名称；mat，图像矩阵
cv2.waitKey waitKey(delay=None) 作用：接受一个按键事件并返回按键的 ASCII 码。 参数：delay 为按下后返回的延迟时间	cv2.cvtColor cvtColor(src,code,dst=None,dstCn=None) 作用：将一幅图像从一个色彩空间转换到另一个色彩空间 参数：code，转换的色彩空间
cv2.VideoCapture VideoCapture(*args,**kwargs) 作用：初始化 VideoCapture 类并利用构造函数读入该视频的当前帧。 参数：一般仅填入一个，即文件名。如果填入整数，则打开对应的捕获设备 ID。若为 0，则打开默认摄像头	cv2.VideoWriter cv2.VideoWriter(*args,**kwargs) 参数：第一个，写入的视频文件名；第二个，由 cv2.VideoWriter_fourcc 返回的视频制式特定代码，通常有 XVID、MPEG 等；第三个，该视频的 fps；第四个，一个 tuple，为该视频的宽、高
VideoCapture.read 参数：无 返回值：bool，numpy.array 作用：读取该文件/摄像头的下一帧，bool 返回值为读取结果，numpy.array 为返回帧矩阵	VideoCapture.get VideoCapture.get(self,propId) 作用：返回该视频的 propId 所指定的属性。 参数：propId，为需要读取的视频属性参数位，一般以 cv2.CAP_PROP_ 开头。
VideoWriter.write VideoCapture.write(image) 作用：将当前帧内容写入视频文件。 参数：image，写入的当前帧	cv2.destroyWindow destroyWindow(winname) 作用：关闭一个由 imshow 产生的窗口。 参数：winname，关闭的窗口名字

2. 数字图像存储

图像可以分为模拟图像和数字图像。模拟图像通过某种物理量（如光、电等）的强弱变化来记录图像亮度信息，如纸质照片、电视模拟图像等，模拟图像的物理量变化是连续的。数字图像把连续的模拟图像离散化成规则网格，并在计算机中以数字阵列的方式来记录图像上各网格点的亮度信息，其中每个网格或数字阵列中的一个元素称为像素。计算机处理的信号都是数字信号，所以在计算机上处理的图像均为数字图像。

以灰度图像为例，我们展示计算机如何以数字阵列的方式来记录图像上各网格点的亮度信息。灰度图像是每个像素只有一个采样颜色的图像，表示该位置的亮度强度。灰度图像可以表示从最暗黑色到最亮白色的强度，图 10.13 所示为手写数字 8 的灰度图像。

图 10.13 手写数字 8 的灰度图像

为了直观地展示，我们将像素拉大并将每个像素的灰度填进去，就可以得到灰度图像在计算机中的存储方式，如图 10.14 所示。从这张图中，可以清晰地看出灰度图像是以数字矩阵的方式存储和表示，数字为像素值，代表每个像素的强度，数字矩阵称为通道，其中 0 代表黑色，255 代表白色。

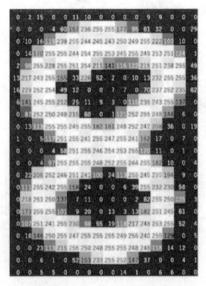

图 10.14　手写数字 8 的阵列表示

对于灰度图像，只有一个通道。对于彩色图像来说，通常包含 R、G、B 三个通道，如图 10.15 所示。

图 10.15　彩色图像的 R、G、B 三个通道

综上所述，数字图像是二维图像用有限数字数值像素的表示。数字图像由数组或矩阵表示，其光照位置和强度都是离散的。数字图像是由模拟图像数字化得到的、以像素为基本元素的、可以用数字计算机或数字电路存储和处理的图像。

3. 人脸检测

从一张包含人脸的图像到最后识别出图像中的人是谁，一般要经历人脸检测和人脸识别两个阶段。人脸检测是检测出图像中哪些位置是人脸，人脸识别则是判断这是谁的脸。在了解了数字图像存储和表示的方式以后，我们会发现，人脸检测问题就是在数字矩阵中检测出矩阵中的哪些像素是人脸区域。

为了更好地处理检测和识别问题，在计算机视觉领域，通常会采用特征描述算子描述图像。Haar 特征就是一种常用的特征描述算子，经常用于人脸检测、行人检测等目标检测。

Haar 特征分为四类：边缘特征、线性特征、中心特征和对角线特征，组合成特征模板如图 10.16 所示。Haar 特征模板内只有白色和黑色两种矩形，并定义该模板的特征值为白色矩形像素和减去黑色矩形像素和。

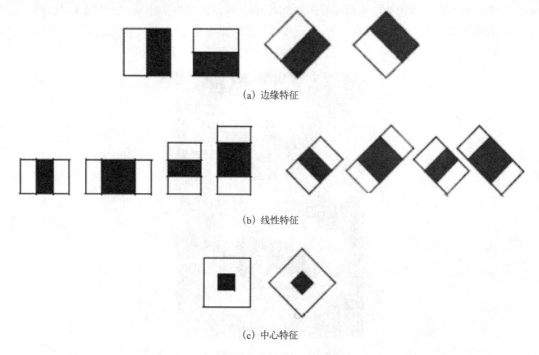

图 10.16 Haar 特征示意图

Haar 特征值反映了图像的灰度变化情况。例如：脸部的一些特征能由矩形特征简单地描述，如：眼睛要比脸颊颜色要深，鼻梁两侧比鼻梁颜色要深，嘴巴比周围颜色要深等。但矩形特征只对一些简单的图形结构，如边缘、线段较敏感，所以只能描述特定走向（水平、垂直、对角）的结构。图 10.17 展示了脸部的某些特征由矩形特征简单地描绘。

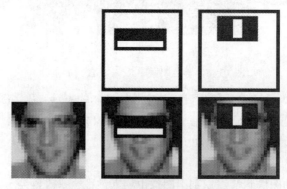

图 10.17 矩形特征描绘脸部特征

OpenCV 中人脸检测正是基于 Haar 特征使用经典的 Adaboost 级联分类器进行分类。Adaboost 是一种迭代方法，其核心思想是针对不同的训练集训练一个弱分类器，然后把在不同训练集上得到的弱分类器集合起来，构成一个最终的强分类器。

Adaboost 算法流程具体如下：

① 先通过对 N 个训练样本的学习得到第一个弱分类器。

② 将分错的样本和其他的新数据一起构成一个新的 N 个的训练样本，通过对这个样本的

学习得到第二个弱分类器。

③ 将 1 和 2 都分错了的样本加上其他的新样本构成另一个新的 N 个的训练样本，通过对这个样本的学习得到第三个弱分类器。

④ 最终得到经过提升的强分类器。即某个数据被分为哪一类要由各分类器权值决定。

Adaboost 有很多优点：

① AdaBoost 是一种有很高精度的分类器。

② 可以使用各种方法构建子分类器，AdaBoost 算法提供的是框架。

③ 当使用简单分类器时，弱分类器构造极其简单，计算出的结果是可以理解的。

④ 简单，不用做特征筛选。

⑤ 不用担心过拟合。

实验内容

具体任务：

使用 Python 中的 OpenCV 库实现人脸检测，并将检测结果保存到视频中。

要求：检测的对象既可以是指定图像、视频，也可以是摄像头中的实时视频。

步骤：

① 确定图像/视频的来源。

② 读取图像/视频的参数。

③ 读入 XML 格式的人脸检测的预训练结果文件。推荐使用 haarcascade_frontalface_atl.xml 和 haarcascade_frontalface_atl2.xml。

④ 读入待检测图像、视频。

⑤ 检测人脸。

⑥ 标记检测出来的人脸。

⑦ 保存检测结果。

参考代码：

```
import cv2

def CatchVideo(window_name, camera_idx):
    cv2.namedWindow(window_name)
    # 视频来源,可以来自一段已存好的视频,也可以直接来自USB摄像头
    cap=cv2.VideoCapture(camera_idx)
    # 获取视频的尺寸参数
    videosize=(int(cap.get(cv2.CAP_PROP_FRAME_WIDTH)), int(cap.get(cv2.
CAP_PROP_FRAME_HEIGHT)))
    # haarcascade_frontalface_alt2.xml 为 OpenCV 正面人脸检测级联分类器训练结果
    classfier=cv2.CascadeClassifier("haarcascade_frontalface_alt2.xml")
    # 识别出人脸后要画的边框的颜色,RGB 格式
    color=(0, 255, 0)
    fourcc=cv2.VideoWriter_fourcc(*'XVID')
fps=20.0
# 指定检测结果文件保存的路径、文件名、帧率和大小等
    VideoOut=cv2.VideoWriter('test1.avi', fourcc, fps, videosize, True)
    while cap.isOpened():
        ok, frame=cap.read()                    # 读取一帧数据
```

```
            if not ok:
                break
            # 将当前帧转换成灰度图像
            grey=cv2.cvtColor(frame, cv2.COLOR_BGR2GRAY)
            # 人脸检测,1.2 和 2 分别为图片缩放比例和需要检测的有效点数
            faceRects=classfier.detectMultiScale(grey, scaleFactor=1.2,
    minNeighbors=3, minSize=(32, 32))
            if len(faceRects)>0:                          # 大于 0 则检测到人脸
                for faceRect in faceRects:                # 单独框出每一张人脸
                    x, y, w, h=faceRect
                    cv2.rectangle(frame, (x-10, y-10), (x+w+10, y+h+10),
    color, 3)                                             # 5 控制绿色框的粗细
            # 显示图像
            cv2.imshow(window_name, frame)
            # 保存检测结果视频
            VideoOut.write(frame)
            c=cv2.waitKey(10)
            if c==ord('q'):
                break
            # 释放摄像头并销毁所有窗口
        VideoOut.release()
        cap.release()
        cv2.destroyAllWindows()
        return
    if __name__ == '__main__':
        CatchVideo("FaceRect", 0)                         # 使用摄像头进行人脸检测
```

实验思考题

在本次实验中我们使用了 OpenCV 自带的正面人脸检测级联分类器训练结果文件 haarcascade_frontalface_alt2.xml 进行人脸检测，如果我们用其他的训练结果文件还可以做更多有意思的事情，如眼睛检测、微笑检测等。现提供眼睛训练分类结果 haarcascade_eye.xml 和笑容训练分类结果 haarcascade_smile.xml，请写代码实现利用 Adaboost 对眼睛和笑容进行检测。

实验 10.5 聚类应用

实验目的

- 熟悉聚类的基本概念。
- 了解聚类的常用的算法。
- 掌握 Scikit-learn 库聚类的使用。

预备知识

聚类分析，即聚类，是一项无监督的机器学习任务。物理或抽象对象的集合分成由类似的对象组成的多个类的过程被称为聚类。由聚类所生成的簇是一组数据对象的集合，这些对象与同一个簇中的对象彼此相似，与其他簇中的对象相异。"物以类聚，人以群分"，在自然科学

和社会科学中，存在着大量的分类问题。聚类分析又称群分析，它是研究（样品或指标）分类问题的一种统计分析方法。聚类分析起源于分类学，但是聚类不等于分类。聚类与分类的不同在于，聚类所要求划分的类是未知的。

Scikit-learn 库简介。Scikit-learn（以前称为 Scikits.learn，也称为 Sklearn）是针对 Python 编程语言的免费软件机器学习库。它具有各种分类、回归和聚类算法，包括支持向量机、随机森林、梯度提升，K 均值和 DBSCAN，并且旨在与 Python 数值科学库 NumPy 和 SciPy 联合使用。

Scikit-learn 库提供了一套多种的聚类算法供选择。

下面列出了 10 种比较流行的算法：

- 亲和力传播。
- 聚合聚类。
- BIRCH。
- DBSCAN。
- K- 均值。
- Mini-Batch K- 均值。
- Mean Shift。
- OPTICS。
- 光谱聚类。
- 高斯混合。

每个算法都提供了一种不同的方法来应对数据中发现自然组的挑战。

实验内容

在本实验中，将介绍如何在 Scikit-learn 中使用聚类算法。

1. 库安装

可以使用 pip Python 安装程序安装 Scikit-learn 存储库，如下所示：

```
pip install scikit-learn
```

接下来，确认已经安装了库。进入 Python 交互模式运行以下命令输出库版本号。

```
# 检查 Scikit-learn 版本
import sklearn
print(sklearn.__version__)
```

运行该示例时，看到以下版本号或更高版本。

```
1.0
```

2. 聚类数据集

使用 make_classification () 函数创建一个测试二分类数据集。数据集将有 1 000 个示例，每个类有两个输入要素和一个群集。这些群集在两个维度上是可见的，因此可以用散点图绘制数据，并通过指定的群集对图中的点进行颜色绘制。这将有助于了解，至少在测试问题上，群集的识别能力如何。该测试问题中的群集基于多变量高斯，并非所有聚类算法都能有效地识别这些类型的群集。因此，本教程中的结果不作比较一般方法的基础。

下面列出了创建和汇总合成聚类数据集的示例。

```
# 综合分类数据集
from numpy import where
from sklearn.datasets import make_classification
from matplotlib import pyplot
# 定义数据集
X, y= make_classification(n_samples=1000, n_features=2, n_informative=2,
n_redundant=0, n_clusters_per_class=1, random_state=4)
# 为每个类的样本创建散点图
for class_value in range(2):
    # 获取此类的示例的行索引
    row_ix=where(y==class_value)
    # 创建这些样本的散布
    pyplot.scatter(X[row_ix, 0], X[row_ix, 1])
    # 绘制散点图
pyplot.show()
```

运行该示例将创建合成的聚类数据集，然后创建输入数据的散点图，其中点由类标签（理想化的群集）着色，如图 10.18 所示。可以清楚地看到两个不同的数据组在两个维度，聚类算法可以检测这些分组。

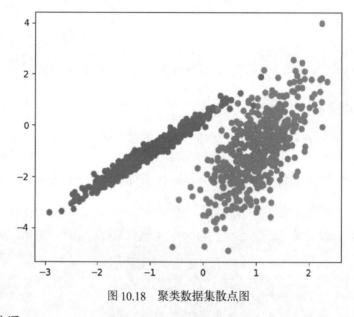

图 10.18　聚类数据集散点图

3. 亲和力传播

亲和力传播包括找到一组最能概括数据的范例。我们设计了一种名为"亲和传播"的方法，它作为两对数据点之间相似度的输入度量。在数据点之间交换实值消息，直到一组高质量的范例和相应的群集逐渐出现。

它是通过 AffinityPropagation 类实现的,要调整的主要配置是将"damping"设置为 0.5 到 1，甚至可能是"default"。

下面列出了完整的示例。

```
# 亲和力传播聚类
from numpy import unique
from numpy import where
from sklearn.datasets import make_classification
from sklearn.cluster import AffinityPropagation
from matplotlib import pyplot
# 定义数据集
X, _ = make_classification(n_samples=1000, n_features=2, n_informative=2,
n_redundant=0, n_clusters_per_class=1, random_state=4)
# 定义模型
model=AffinityPropagation(damping=0.9)
# 匹配模型
model.fit(X)
# 为每个示例分配一个集群
yhat=model.predict(X)
# 检索唯一群集
clusters=unique(yhat)
# 为每个群集的样本创建散点图
for cluster in clusters:
    # 获取此群集的示例的行索引
    row_ix=where(yhat==cluster)
    # 创建这些样本的散布
    pyplot.scatter(X[row_ix, 0], X[row_ix, 1])
# 绘制散点图
pyplot.show()
```

运行该示例符合训练数据集上的模型,并预测数据集中每个示例的群集。然后创建一个散点图,并由其为指定的群集着色。在这种情况下,无法取得良好的结果,如图10.19所示。

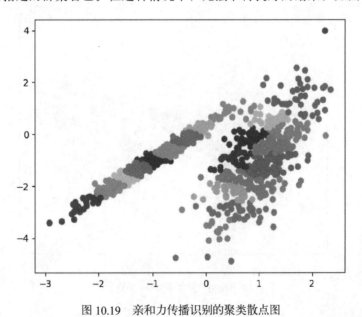

图 10.19 亲和力传播识别的聚类散点图

4. 聚合聚类

聚合聚类涉及合并示例,直到达到所需的群集数量为止。

它是层次聚类方法的更广泛类的一部分,通过 AgglomerationClustering 类实现的,主要配置是"n_clusters"集,这是对数据中的群集数量的估计。

下面列出了完整的示例。

```python
# 聚合聚类
from numpy import unique
from numpy import where
from sklearn.datasets import make_classification
from sklearn.cluster import AgglomerativeClustering
from matplotlib import pyplot
# 定义数据集
X, _ = make_classification(n_samples=1000, n_features=2, n_informative=2,
n_redundant=0, n_clusters_per_class=1, random_state=4)
# 定义模型
model=AgglomerativeClustering(n_clusters=2)
# 模型拟合与聚类预测
yhat=model.fit_predict(X)
# 检索唯一群集
clusters=unique(yhat)
# 为每个群集的样本创建散点图
for cluster in clusters:
    # 获取此群集的示例的行索引
    row_ix=where(yhat==cluster)
    # 创建这些样本的散布
    pyplot.scatter(X[row_ix, 0], X[row_ix, 1])
    # 绘制散点图
pyplot.show()
```

运行该示例符合训练数据集上的模型，并预测数据集中每个示例的群集，然后创建一个散点图，并由其为指定的群集着色。在这种情况下，可以找到一个合理的分组，如图 10.20 所示。

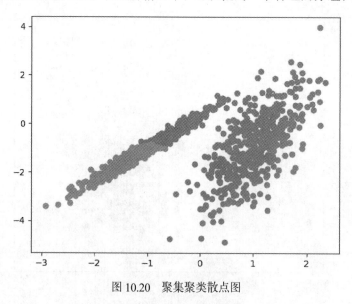

图 10.20 聚集聚类散点图

5. BIRCH

BIRCH 聚类（BIRCH 是平衡迭代减少的缩写，聚类使用层次结构）包括构造一个树状结构，从中提取聚类质心。

BIRCH 递增地和动态地群集传入多维度量数据点，以尝试利用可用资源（即可用内存和时间约束）产生最佳质量的聚类。它是通过 Birch 类实现的，主要配置是"threshold"和

"n_clusters"超参数，后者提供了群集数量的估计。

下面列出了完整的示例。

```
# birch 聚类
from numpy import unique
from numpy import where
from sklearn.datasets import make_classification
from sklearn.cluster import Birch
from matplotlib import pyplot
# 定义数据集
X, _ = make_classification(n_samples=1000, n_features=2, n_informative=2,
n_redundant=0, n_clusters_per_class=1, random_state=4)
# 定义模型
model=Birch(threshold=0.01, n_clusters=2)
# 适配模型
model.fit(X)
# 为每个示例分配一个集群
yhat=model.predict(X)
# 检索唯一群集
clusters=unique(yhat)
# 为每个群集的样本创建散点图
for cluster in clusters:
    # 获取此群集的示例的行索引
    row_ix=where(yhat==cluster)
    # 创建这些样本的散布
    pyplot.scatter(X[row_ix, 0], X[row_ix, 1])
# 绘制散点图
pyplot.show()
```

运行该示例符合训练数据集上的模型，并预测数据集中每个示例的群集，然后创建一个散点图，并由其为指定的群集着色。在这种情况下，可以找到一个很好的分组，如图 10.21 所示。

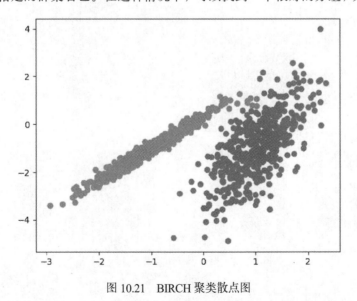

图 10.21　BIRCH 聚类散点图

实验思考题

请使用上述 Sklearn 工具实现 K-Means 聚类并绘制散点图。

参 考 文 献

[1] 张莉，陶烨 .Python 程序设计实践教程 [M]. 北京：高等教育出版社，2018.

[2] 董付国 .Python 程序设计实验指导书 [M]. 北京：清华大学出版社，2019.

[3] 刘凡馨，夏帮 .Python 3 基础教程实验指导与习题集微课版 [M]. 北京：人民邮电出版社，2020.

[4] 游皓麟 . Python 预测之美：数据分析与算法实战 [M]. 北京：电子工业出版社，2020.

[5] 刘大成 .Python 数据可视化之 matplotlib 实践 [M]. 北京：电子工业出版社，2018.

[6] 米洛瓦诺维奇，富雷斯 .Python 数据可视化编程实战 (第 2 版)[M]. 颛清山，译 . 北京：人民邮电出版社，2018.

[7] 王国平 .Python 数据可视化之 Matplotlib 与 Pyecharts[M]. 北京：清华大学出版社，2020.

[8] 海克 .Scikit-learn 机器学习 (第 2 版)[M]. 张浩然，译 . 北京：人民邮电出版社，2019.

[9] 凯恩 .Python 数据科学与机器学习从入门到实践 [M]. 陈光欣，译 . 北京：人民邮电出版社，2019.